Rudolf Makhanu

Avaliação dos factores que contribuem para os conflitos de utilização dos recursos florestais

Rudolf Makhanu

Avaliação dos factores que contribuem para os conflitos de utilização dos recursos florestais

ScienciaScripts

Imprint

Cover image: www.ingimage.com

This book is a translation from the original published under ISBN 978-620-2-30085-8.

Publisher:
Sciencia Scripts
is a trademark of
Dodo Books Indian Ocean Ltd. and OmniScriptum S.R.L publishing group

120 High Road, East Finchley, London, N2 9ED, United Kingdom
Str. Armeneasca 28/1, office 1, Chisinau MD-2012, Republic of Moldova, Europe
Managing Directors: Ieva Konstantinova, Victoria Ursu
info@omniscriptum.com

Printed at: see last page
ISBN: 978-620-8-38856-0

ÍNDICE DE CONTEÚDOS

RECONHECIMENTO

Estou sinceramente grato aos meus supervisores, Prof. R.S. Odingo e Dr. Thuita Thenya, pela sua orientação profissional e encorajamento paternal durante o período de estudo. Uma menção especial vai para as seguintes pessoas que contribuíram imensamente para o sucesso do projeto: Foulata Kwena do Programa das Nações Unidas para o Desenvolvimento (PNUD), Patrick Kiita do Serviço Florestal do Quénia (KFS), Eric Kihiu da Rhino Ark, Absalom Mukuusi da Associação Profissional de Naivasha, Mbogo Kamau de Imarisha Naivasha, Lisa Fuchs do Centro Mundial de Agroflorestação (ICRAF), e Peter Kirui da Associação Florestal Comunitária de Eburu (ECOFA).

Um agradecimento especial ao PNUD pelo patrocínio parcial do meu curso e ao Wangari Maathai Institute for Peace and Environmental Studies (WMI) em parceria com a Universidade de Nairobi (UoN) pelo financiamento do trabalho do projeto. Estou muito grato ao Serviço Florestal do Quénia, especificamente ao pessoal da estação florestal de Eburu, pelo seu amável apoio no que se refere ao fornecimento das informações necessárias.

Uma menção especial vai para o Departamento de Geografia da Universidade de Nairobi (UoN) pela orientação técnica e apoio administrativo. Ao meu assistente de investigação Joseph Kamondo, os meus sinceros agradecimentos. A sua dedicação e paciência durante a recolha de dados foram impressionantes.

O apoio que a minha família me deu durante o estudo é memorável. Recebam o meu agradecimento especial.

Por último, mas não menos importante, agradeço sinceramente a todos aqueles que não foram mencionados acima, mas que me apoiaram durante o meu percurso de investigação.

RESUMO

A floresta de Eburu é uma floresta de montanha que faz parte do Complexo Florestal de Mau. O objetivo do estudo foi avaliar os factores que contribuem para os conflitos de utilização dos recursos florestais e a sua manifestação, bem como as oportunidades de gestão de conflitos. Os conflitos entre as partes interessadas sobre o acesso, o controlo ou a propriedade dos recursos florestais constituem um grande obstáculo à realização de uma gestão sustentável das florestas a nível mundial.

A área de estudo foi estratificada em três zonas, nomeadamente Eburu, Kiambogo e Ndabibi. Esta estratificação baseou-se na dimensão da exploração agrícola, na posse da terra, na densidade populacional, na composição étnica e nas unidades administrativas. Foram recolhidos dados secundários e primários, utilizando uma combinação de métodos que incluíam questionários, discussões em grupos de discussão (FGD), entrevistas a informadores-chave e observações no terreno. A abordagem estatística incluiu uma combinação de análise descritiva e inferencial.

A maioria dos inquiridos (66,5%) revelou a existência de conflitos de utilização dos recursos florestais na floresta de Eburu. Foram identificados e analisados sete tipos de conflitos de utilização dos recursos florestais. O estudo estabeleceu que os conflitos de utilização dos recursos florestais se manifestam e afectam a gestão florestal de diferentes formas. As três principais formas identificadas foram: contribuição para a destruição da floresta, más relações entre os interessados e menor participação da comunidade nas actividades de conservação, especificamente no combate aos incêndios. A destruição da floresta e as más relações entre os participantes, resultantes dos conflitos de utilização dos recursos florestais, foram mais frequentes em Kiambogo, seguido de Ndabibi e Eburu, por esta ordem. A menor participação no combate aos incêndios devido a conflitos de utilização dos recursos florestais foi mais frequente em Eburu (37%), seguida de Ndabibi (36%) e Kiambogo (31%).

Os factores que contribuem para os conflitos de utilização dos recursos florestais, bem como os desafios que limitam a gestão florestal, incluem a falta de acessibilidade (26%), a corrupção (20%), a falta de equipamento (14%), a má relação com a comunidade (10%) e a falta de pessoal (11%). Os fundos inadequados e a falta de formação também foram considerados preocupantes e requerem atenção urgente. O estudo identificou factores que conduzem a uma escalada de conflitos, que incluem: a incapacidade de resolver atempadamente as queixas da comunidade, informações incompletas ou contraditórias e plataformas e mecanismos inadequados para ventilar e resolver as queixas. As oportunidades para resolver os conflitos de utilização dos recursos florestais em Eburu incluem mecanismos para regular o acesso (legislação e regras florestais), a presença de organizações parceiras com programas em curso e a cerca eléctrica florestal de Eburu.

O estudo recomenda o reforço da participação da comunidade na gestão florestal, a melhoria das relações e da comunicação entre as organizações parceiras e a criação de um Comité de Gestão Florestal para proporcionar uma plataforma para a reparação das queixas da comunidade e assegurar a utilização harmoniosa dos recursos florestais em conformidade com o plano de gestão da floresta de Eburu. Além disso, a revisão em curso da política e da lei florestais deve salvaguardar os direitos consuetudinários de acesso da comunidade aos recursos florestais e prever expressamente a equidade na distribuição dos benefícios entre as partes envolvidas na gestão florestal. No entanto, a prioridade imediata é o reforço da capacidade organizacional dos principais intervenientes no âmbito do acordo de GFP, a fim de cumprirem eficazmente os seus mandatos e promoverem o desenvolvimento da comunidade nas zonas adjacentes à floresta, de modo a minimizar a dependência dos recursos florestais para a subsistência.

CAPÍTULO 1: ANTECEDENTES

1.1 Introdução

A floresta de Eburu é uma floresta indígena com 8.715,3 hectares. Localizada no condado de Nakuru, a floresta é um dos 22 blocos florestais que fazem parte do extenso Complexo Florestal de Mau, que abrange 416 000 hectares. O Complexo Florestal de Mau é de importância nacional devido aos serviços ecológicos que presta em termos de regulação do caudal dos rios, atenuação das inundações, armazenamento de água, recarga das águas subterrâneas, redução da erosão e assoreamento dos solos, purificação da água, promoção da biodiversidade e regulação do microclima. Através destes serviços, apoia os principais sectores económicos do Vale do Rift e do Quénia Ocidental, incluindo a energia, o turismo, a silvicultura (produtos de madeira e não madeireiros), a agricultura (culturas de rendimento como o chá, o açúcar, o arroz, o piretro, as culturas de subsistência e o gado) e o abastecimento de água. O Complexo Florestal do Mau é particularmente importante para dois dos três maiores produtores de divisas estrangeiras: o chá e o turismo.

Os conflitos resultam das relações humanas quando os indivíduos têm valores, direitos, obrigações, necessidades e interesses diferentes que devem ser satisfeitos a partir de um determinado recurso. Na gestão florestal, os conflitos podem ser provocados pela degradação ou declínio dos recursos florestais e pela consequente competição por quantidades reduzidas de produtos florestais; pela perceção de escassez devido à utilização competitiva; e pela incapacidade de negociar regras e regulamentos para a partilha de um recurso que sejam aceitáveis para todas as partes interessadas (Castro e Nielsen, 2004). Num conflito sobre a utilização de recursos naturais, as partes em conflito acabam muitas vezes por contradizer, comprometer ou mesmo derrotar os interesses da outra parte na prossecução dos seus próprios interesses (Ochieng-Odhiambo, 2000)

A economia do Quénia depende fortemente dos recursos naturais e da produção agrícola do país, tanto em termos de meios de subsistência das pessoas como de contribuição para o rendimento nacional. A exploração e a concorrência pelos recursos naturais limitados do país continuam a pôr em perigo o estado do ambiente, principalmente devido a uma exploração insustentável e não planeada. Os conflitos no sector florestal são, portanto, principalmente entre o governo e as comunidades adjacentes à floresta (Castro e Nielsen, 2001). As principais bases dos conflitos giram, portanto, em torno da necessidade do governo de conservar a floresta e das exigências das comunidades de que a floresta satisfaça os seus meios de subsistência. Os principais factores que contribuem para os conflitos no sector florestal incluem, por conseguinte, o crescimento demográfico, a dependência contínua de muitas comunidades quenianas em relação aos recursos florestais, a existência de diferentes regimes de propriedade no sector florestal e a parte excessiva das florestas e dos recursos florestais adquirida pelos políticos e outras elites políticas (Wass, 1995 e 2000, Ochieng-Odhiambo 2000; Okoth-Ogendo, 2000).

A KFS envidou esforços consideráveis para passar do anterior modelo de gestão florestal centralizado e descendente para a devolução da autoridade e das responsabilidades ao nível local e para estabelecer sistemas conjuntos de gestão florestal. No entanto, este esforço teve um impacto mínimo na resolução dos conflitos relativos à utilização dos recursos florestais em Eburu, como o demonstra a construção em curso de uma vedação eléctrica em torno da floresta.

1.2 Declaração do problema de investigação

A ligação entre a gestão dos recursos naturais e os conflitos é forte. Especificamente, os conflitos relacionados com as florestas são generalizados e podem ser extremamente destrutivos. Mas os conflitos não são exclusivos das florestas. Nenhum recurso natural utilizado e gerido pelo homem está completamente isento de conflitos (De Koning, et *al,* 2008). As alterações na gestão dos recursos naturais podem aumentar a oferta dos benefícios que as pessoas procuram e, assim, reduzir a concorrência, enquanto a diversificação económica ou as alterações políticas podem reduzir a procura de determinados recursos e, assim, reduzir a concorrência e o potencial de conflito (Adrian, 1993). A existência de uma multiplicidade de utilizadores dos recursos florestais, alguns com objectivos e prioridades incompatíveis, juntamente com outros factores, conduz a conflitos que não só contribuem para a degradação das florestas como também comprometem os direitos tradicionais de acesso das populações locais aos recursos florestais.

O ecossistema florestal de Eburu é um recurso crítico que fornece uma multiplicidade de bens e serviços ambientais a um vasto leque de beneficiários. Entre as diversas utilizações contam-se o sequestro de carbono, as bacias hidrográficas essenciais para a manutenção do ciclo hidrológico, a fonte de ervas medicinais, bem como uma série de produtos florestais não lenhosos, a fonte de pasto e forragem para o gado, a fonte de energia geotérmica, as utilizações culturais, o habitat para a vida selvagem, a recreação por turistas locais e internacionais, a fonte de madeira utilizada principalmente para carvão e construção.

A utilização variada dos recursos florestais na floresta de Eburu tem contribuído para conflitos entre os utilizadores. A exploração da energia geotérmica no interior da floresta tem sido associada ao definhamento das culturas nas explorações agrícolas adjacentes à floresta. A extração ilegal de produtos florestais, incluindo madeira (para construção, lenha e produção de carvão), mel, forragem e pasto, contribuiu para conflitos com instituições de gestão como o KFS e grupos comunitários como a associação de florestas comunitárias (CFA). A invasão para cultivo também criou tensões, especialmente no que respeita a expulsões e à localização de limites com a comunidade local. Verificou-se igualmente um conflito interinstitucional, como entre o KFS e a Autoridade de Gestão dos Recursos Hídricos sobre a cobrança de taxas de utilização da água no interior da floresta. A construção em curso de uma vedação eléctrica destinada a proteger Eburu já criou tensões entre os pastores e os responsáveis pela implementação da vedação, que a consideram uma violação do seu direito consuetudinário de acesso à floresta para pastagem, especialmente durante a estação seca.

A compreensão dos factores que contribuem para os conflitos de utilização dos recursos florestais melhorará a sua resolução de uma forma colaborativa que ajuda a desenvolver a confiança e a reforçar a comunicação entre as várias partes. O estudo contribuirá para uma melhor gestão florestal, uma vez que uma compreensão clara dos factores que contribuem para os conflitos de utilização dos recursos florestais é fundamental para a elaboração de medidas eficazes de gestão e resolução de conflitos.

1.3 Questões de investigação

O estudo foi orientado pelas seguintes questões:

- Qual é a natureza dos conflitos relacionados com as florestas?
- Como é que os conflitos se manifestam?
- Onde é que elas ocorrem e será que a sua ocorrência tem um padrão?
- Quais são os factores que contribuem para os conflitos de utilização dos recursos florestais?
- Que factores conduzem à escalada dos conflitos de utilização dos recursos florestais?
- Que regras existem para regular o acesso aos recursos florestais e a partilha de benefícios?
- Que estruturas comunitárias existem para regular o acesso aos recursos florestais?
- Que estruturas de gestão de conflitos existem para lidar com conflitos relacionados com as florestas?

1.4 Objectivos do estudo

1.4.1 Objetivo geral

Avaliar os factores que contribuem para os conflitos de utilização dos recursos florestais e a sua manifestação na zona de Eburu, bem como as oportunidades de gestão dos conflitos

1.4.2 Objectivos específicos

1. Documentar os diferentes tipos de conflitos relacionados com a floresta na floresta de Eburu
2. Investigar os factores que contribuem para os conflitos de utilização dos recursos florestais
3. Identificar oportunidades de resolução de conflitos na floresta de Eburu

1.5 Hipóteses de investigação

O estudo foi orientado pelas seguintes hipóteses

1. Ho: Não existem conflitos de utilização dos recursos na floresta de Eburu

2. Ho: Não existem factores que contribuam para os conflitos de utilização dos recursos florestais em Eburu

3. Ho: Não existem oportunidades de resolução de conflitos na floresta de Eburu

1.6 Justificação e limitações do estudo

1.6.1 Justificação do estudo

A natureza e o papel únicos dos ecossistemas florestais são, desde há muito, reconhecidos como sendo de uma necessidade fulcral. Os ecossistemas florestais desempenham numerosos papéis importantes a todos os níveis. As florestas prestam serviços ambientais à natureza em geral e aos seres humanos em particular.

Em reconhecimento do papel importante que as florestas desempenham, a Conferência de Estocolmo de 1972 reconheceu que as florestas são os maiores, mais complexos e autoperpetuantes de todos os ecossistemas (Hirakuri, 2003).

O ecossistema florestal de Eburu é um recurso crítico que fornece uma multiplicidade de bens e serviços ambientais a um vasto leque de beneficiários. A gestão e a utilização dos recursos florestais contribuíram para conflitos entre as partes interessadas, que estão a afetar a conservação sustentável da floresta e a sua capacidade de fornecer os tão necessários bens e serviços ecossistémicos.

Os estudos sobre silvicultura em Eburu têm dado menos ênfase aos conflitos de utilização dos recursos. Uma compreensão clara dos factores que contribuem para estes conflitos permitirá o desenvolvimento de estratégias e medidas que resolverão eficazmente os conflitos. A persistência de conflitos de utilização dos recursos florestais em Eburu, apesar da existência de algumas intervenções de gestão de conflitos, aponta para o facto de as intervenções não terem conseguido resolver adequadamente o problema. Os conflitos sobre a utilização dos recursos florestais contribuem para o declínio e a deterioração dos recursos florestais através de relações tensas entre os intervenientes, comprometendo a contribuição para a conservação sustentável das florestas. Uma compreensão clara dos factores que contribuem para a utilização dos recursos florestais melhoraria a utilização dos recursos florestais para promover a construção da paz.

A evolução dos conflitos depende em grande medida da forma como são geridos. Muito pode ser feito para evitar que os conflitos tomem rumos violentos ou destrutivos, abordando as suas causas subjacentes numa fase inicial (Antonia, 2011)

A floresta de Eburu foi selecionada para o estudo devido aos diversos serviços e bens ecossistémicos que fornece, bem como à multiplicidade de utilizadores dos recursos florestais e de partes interessadas, alguns dos quais com interesses contraditórios. A floresta é um dos primeiros locais no Quénia onde foi iniciada a Gestão Participativa das Florestas (GFP). Entre as razões para a introdução do GFP estava a minimização dos conflitos relacionados com a utilização dos recursos florestais. Por conseguinte, o estudo fornece respostas relacionadas com a persistência de conflitos relacionados com a floresta apesar da introdução da GFP.

Os resultados deste estudo ajudarão a aliviar os conflitos de utilização dos recursos florestais no Quénia, assegurando que os esforços de conservação facilitem a obtenção de benefícios múltiplos para os diversos intervenientes, dêem prioridade à criação de relações e reconheçam as necessidades dos intervenientes no contexto da governação inclusiva. Os resultados deste estudo contribuirão para o conjunto de conhecimentos relacionados com a Gestão Participativa das Florestas no Quénia e orientarão a reforma em curso do sector florestal.

1.6.2 Limitações do estudo

O estudo centrou-se nos conflitos entre humanos. Os conflitos entre o homem e a vida selvagem também são consequência da utilização dos recursos florestais, mas não foram incluídos no âmbito deste estudo. Devido a limitações financeiras e de tempo, foram amostradas secções representativas da floresta. Alguns inquiridos, especialmente os idosos, não conseguiam comunicar eficazmente nem em inglês nem em Kiswahili. Para superar esse desafio de comunicação, recorreu-se a enumeradores locais para ajudar na administração do questionário. Devido às relações tensas entre os oficiais do KFS (guarda florestal e guardas florestais) e os membros da comunidade, as comunidades sentiram-se intimidadas a partilhar informações livremente. Para ultrapassar este desafio, foram realizadas entrevistas separadas entre as duas partes.

CAPÍTULO 2: REVISÃO DA LITERATURA

2.1 Introdução

Esta secção analisa a informação documentada relativa aos conflitos de utilização dos recursos florestais com base em três temas: recursos florestais, factores que contribuem para os conflitos de utilização dos recursos florestais e oportunidades para resolver os conflitos de utilização dos recursos florestais. Para cada tema, a revisão analisa a perspetiva global, africana, nacional e do local do projeto. As conclusões da revisão foram utilizadas para enriquecer a discussão dos resultados.

2.1.1 Recursos florestais

a) **Perspetiva global**

Uma estimativa da área florestal total do mundo em 2010 era de 4 mil milhões de hectares, o que corresponde a uma média de 0,6 ha de floresta per capita (FAO, 2010). No entanto, a área de floresta está distribuída de forma desigual. A literatura indica que os cinco países mais ricos em florestas (Federação Russa, Brasil, Canadá, Estados Unidos da América e China) representam mais de metade da área florestal total (53%), enquanto 64 países com uma população conjunta de 2 mil milhões de pessoas têm florestas que não ultrapassam 10% da sua área terrestre. Estes incluem uma série de países bastante grandes em zonas áridas, bem como muitos pequenos Estados insulares em desenvolvimento (SIDS) e territórios dependentes. Dez destes países não têm qualquer floresta. A distribuição desproporcionada das florestas entre os países e o elevado valor das florestas em todos os sectores qualificam a necessidade de uma boa gestão para evitar conflitos.

Trinta por cento das florestas do mundo são utilizadas principalmente para a produção de produtos florestais lenhosos e não lenhosos. Cerca de 1,2 mil milhões de hectares de floresta são geridos principalmente para a produção de produtos florestais lenhosos e não lenhosos. Outros 949 milhões de hectares (24%) são designados para usos múltiplos - na maioria dos casos, incluindo a produção de produtos florestais lenhosos e não lenhosos. A área designada principalmente para funções produtivas diminuiu em mais de 50 milhões de hectares desde 1990, ou seja, 0,22% ao ano, uma vez que as florestas foram designadas para outros fins. A área designada para uso múltiplo aumentou em 10 milhões de hectares no mesmo período, enquanto as áreas protegidas legalmente estabelecidas foram estimadas em 13% das florestas do mundo. Uma avaliação da perspetiva histórica da silvicultura revela tanto a importância como o desafio de manter as florestas e de encontrar um equilíbrio entre a conservação e a utilização - praticando uma gestão sustentável das florestas - para assegurar a totalidade dos contributos económicos, sociais e ambientais das florestas. Este facto, por si só, sugere uma situação de conflito entre as partes interessadas na utilização dos recursos florestais a nível mundial (FA0, 2010).

A FAO (2002) confirma que a utilização e a exploração das florestas diferem significativamente na maior parte das regiões do mundo, o que significa que o grau de degradação e os conflitos daí resultantes relacionados com as florestas também diferem. A título de exemplo, na Europa, a exploração dos recursos florestais é mínima quando comparada com as regiões da Ásia e do Pacífico, da América Latina e das Caraíbas e de África. Por exemplo, na América Latina e nas Caraíbas, os recursos florestais são amplamente explorados para facilitar as actividades socioeconómicas, tais como a madeira para a indústria, o fornecimento de factores de produção para consumo interno e exportação, o fornecimento de produtos não lenhosos, bem como para facilitar a subsistência das comunidades indígenas que vivem nas florestas. Em África, a situação não é muito diferente da da América Latina e das Caraíbas: as florestas em África também são utilizadas como fonte de subsistência substantiva, bem como como uma espinha dorsal económica direta e indireta, através do fornecimento de energia, alimentos, madeira e produtos não lenhosos e muitos outros serviços (FAO, 2002).

b) **Recursos florestais: A perspetiva de África**

As florestas e os bosques ocupam cerca de 650 milhões de hectares ou 21,8% da área terrestre em África. Estas representam 16,8 por cento da cobertura florestal mundial (FAO, 2005). A distribuição de florestas e bosques varia de uma sub-região para outra, com o Norte de África a ter a menor cobertura florestal enquanto a África Central tem a cobertura mais densa. A bacia do Congo, na África Central, alberga o segundo maior bloco contínuo de floresta tropical húmida do mundo. As florestas e bosques de África podem ser classificados em nove categorias gerais, nomeadamente florestas tropicais húmidas, florestas tropicais húmidas, florestas tropicais secas, arbustos tropicais, florestas tropicais de montanha, florestas subtropicais húmidas, florestas subtropicais secas, florestas subtropicais de montanha e plantações (FAO, 2003a).

O sector florestal em África desempenha um papel importante nos meios de subsistência de muitas comunidades e no desenvolvimento económico de muitos países. Isto é particularmente verdade na África Ocidental, Central e Oriental, onde existe um coberto florestal considerável. Em África, o coberto florestal per capita é elevado, com 0,8 ha por pessoa, em comparação com 0,6 ha a nível mundial (FAO, 2002). Em média, as florestas representam 6 por cento do Produto Interno Bruto (PIB) em África, que é o mais elevado do mundo (NEPAD, 2003).

As florestas e as matas fornecem uma vasta gama de bens e serviços que criam oportunidades de desenvolvimento e de melhoria do bem-estar humano. Alguns bens, como a madeira para combustível e construção, são bastante evidentes, enquanto outros, como as fontes de água, são menos óbvios. As funções ambientais das florestas e das matas incluem a proteção das bacias hidrográficas, a purificação da água e a regulação dos caudais dos rios, que, por sua vez, asseguram o abastecimento de água para a produção de energia hidroelétrica. As florestas e as matas também ajudam a evitar a erosão do solo (pela água e pelo vento) e, por conseguinte, são fundamentais para a agricultura e a produção alimentar. Fornecem madeira, madeira para energia, materiais de construção e produtos florestais não lenhosos (PFNM), incluindo alimentos e medicamentos (PNUA, 2009).

Para além dos principais produtos de madeira, como a madeira e a lenha, as florestas e as matas apoiam outras actividades, incluindo o ecoturismo, a indústria do artesanato, o sector da medicina tradicional, a indústria farmacêutica e o comércio de carne de animais selvagens. Também estas actividades são importantes para aumentar o rendimento das famílias. Por exemplo, em 1995, estimava-se que 2,9 milhões de pessoas (530 000 agregados familiares) viviam num raio de 5 km de uma floresta de copas fechadas no Quénia e dependiam das florestas para fornecer madeira e PFNM. A indústria de escultura em madeira no Quénia, por exemplo, apoiava mais de 80 000 pessoas com aproximadamente 400 000 dependentes, e valia 8,21 milhões de dólares (Waithaka e Mwathe, 2003)

c) **Recursos florestais na África Oriental**

Em 1990, a África Oriental tinha 106,7 milhões de hectares de floresta. Esta área diminuiu mais de 9% para 97,7 milhões de hectares em 2000 e mais 13% para 84,9 milhões de hectares em 2010. No total, foram abatidos 21,8 milhões de hectares de florestas. Em 2010, a Tanzânia tinha a maior parte da área florestal (incluindo terras arborizadas) da África Oriental, com 45 milhões de hectares (53%). A Tanzânia reduziu a sua área florestal em 14,6 milhões de hectares, o que representa 67% da desflorestação total da região. A quota-parte do Quénia na área florestal em 2010 era de 32 milhões de hectares (38%), mas era quase 18% menos do que em 1990. O Quénia foi responsável por 33% da destruição das florestas da região. O Burundi também perdeu cerca de 117.000 hectares de floresta. O Uganda e o Ruanda aumentaram as suas áreas florestais em 43.000 e 3.000 hectares nas últimas duas décadas. Trata-se, no entanto, de uma percentagem muito pequena em comparação com a área total desflorestada (SID, 2012).

d) **Situação das florestas do Quénia**

De acordo com um relatório compilado pelo Banco Mundial em 2007, aproximadamente 2% (cerca de 1,24 milhões de hectares) da terra total está coberta por floresta de copa fechada no Quénia. As florestas de plantação também constituem uma certa percentagem de cobertura florestal, para além da floresta de copa fechada. O ecossistema destas florestas inclui a região da floresta de Montana, a região da floresta costeira, a região da floresta tropical ocidental e a região da floresta da zona seca (Banco Mundial, 2007).

O complexo florestal de Mau é um dos ecossistemas florestais montanhosos de copa fechada do Quénia. Abrange aproximadamente 416 542 hectares e diz-se que, antes da sua recente desflorestação, era maior do que o Monte Quénia e Aberdare juntos. De acordo com um documento de conceção de projeto preparado pelo gabinete do Primeiro-Ministro sobre a reabilitação do Mau, o Mau compreende 22 blocos florestais, 21 dos quais estão classificados e sob a gestão do Serviço Florestal do Quénia (KFS). O único bloco que não está sob a gestão do KFS é a floresta Maasai Mau, que é um terreno público sob a jurisdição do governo do condado de Narok.

e) **Recursos florestais: Floresta de Eburu**

A floresta de Eburu é uma floresta indígena que ocupa uma área de 8.715,3 hectares. O ecossistema mais vasto da floresta de Eburu é rico em biodiversidade. A vida selvagem habita a floresta e as terras agrícolas e áreas de conservação circundantes, incluindo pequenos e grandes herbívoros, carnívoros e primatas. De particular interesse na Floresta de Eburu é uma pequena população do antílope Eastern Mountain Bongo, em perigo crítico de extinção. Para além disso, existe uma abundante avifauna no ecossistema, sendo a Reserva Florestal de Eburu identificada como o local mais quente para espécies de aves em todo o Complexo Florestal de Mau. A área apresenta uma diversidade de flora, incluindo espécies de árvores como *Acacia sp, Allophylus sp, Arundinaria sp, Buddleia sp, Dombeya sp, Dovyalis sp, Ekebergia sp, Galiniera sp, Juniperus sp, Maesa sp, Maytenus sp, Nuxia sp, Olea sp, Olinia sp, Podocarpus sp, Polyscias sp, Prunus sp, Rapanea sp, Schefflera sp, Solanum sp, Tarchonanthus sp e Vernonia sp. Tarchonanthus sp* é predominante em áreas degradadas.

Globalmente, a floresta desempenha um papel essencial como bacia hidrográfica nacional e internacional, prestando serviços ecossistémicos que conservam a biodiversidade, apoiam os meios de subsistência a nível local, regional e internacional, sustentam o desenvolvimento económico e contribuem para a atenuação e adaptação às alterações climáticas globais.

Nos últimos anos, dado o elevado valor de conservação e a tendência crescente para a degradação, o Governo do Quénia (GoK) tomou medidas significativas para enfrentar o desafio. Em 2005, foram adoptadas uma política e uma lei florestais revistas. A lei florestal colocou uma tónica significativa na cogestão dos recursos florestais com as comunidades locais e o sector privado e estabelece as bases para um controlo rigoroso da exploração madeireira e dos assentamentos humanos. Como mais um sinal do seu empenhamento, o Governo criou um grupo de trabalho de 30 membros (que respondia perante o Primeiro-Ministro) cuja responsabilidade era estudar e apresentar recomendações ao Governo sobre as opções imediatas, a curto e a longo prazo, para restaurar todo o Complexo Florestal de Mau. A Task Force concluiu o seu trabalho e apresentou recomendações ao Governo em março de 2009. O Governo está empenhado em inverter a contínua destruição ambiental do Mau, em conformidade com os seus planos de desenvolvimento nacional a médio e longo prazo, articulados na "Visão 2030" (ICS, 2009).

2.1.2 Conflitos na utilização dos recursos florestais e factores associados

a) Perspetiva global

Os conflitos relacionados com as florestas são um dos principais desafios globais para a agenda internacional no domínio da silvicultura, juntamente com a pobreza, as alterações climáticas, a conservação e os biocombustíveis (De Koning, et *al*, 2008). Os conflitos relacionados com a silvicultura são específicos dos países em que ocorrem. No entanto, parecem ter raízes comuns quando analisados entre países (Antonia, 2011)

As tendências florestais (2002) confirmam que as interações entre os povos indígenas, os governos e os interesses florestais comerciais têm sido historicamente muito controversas. A partir do século XVI, os governos de todo o mundo ultrapassaram os direitos tradicionais dos povos nativos e deram às agências florestais governamentais autoridade sobre vastas extensões de floresta natural e sobre os habitantes indígenas. Durante o século XIX, a maioria dos governos com recursos florestais substanciais começou a transferir os direitos de gestão florestal para empresas privadas capazes de aceder a capital de investimento para o desenvolvimento económico, com pouca consideração pelos interesses ou aspirações dos povos indígenas. Estas políticas negaram às populações indígenas o acesso às suas florestas, florestas essas que não só são fundamentais para a sua identidade cultural e modos de vida, como também são frequentemente o seu bem económico mais importante e a principal opção para promover o seu próprio bem-estar económico. Esta situação continua a definir, em grande medida, o património florestal mundial atual, provocando conflitos entre as populações indígenas, os governos e as empresas florestais comerciais. (Forest trends, 2002).

A UICN encomendou um estudo a Lewis (1996) que analisou diversos estudos de caso e publicou um Manual sobre a gestão de conflitos em Áreas Protegidas. As conclusões foram que, em quase todos os casos, os conflitos estavam relacionados com: 1) falta de atenção ao processo de envolvimento da população local e de outras pessoas que se preocupam com a área protegida no planeamento, gestão e tomada de decisões para a área, e/ou 2) pessoas de comunidades vizinhas com necessidades (por exemplo, de pastagens, lenha, materiais de construção, forragens, plantas medicinais e caça) que entram em conflito com os objectivos da área protegida.

Os recursos florestais tendem a provocar conflitos em muitos países dependentes de recursos. Por exemplo, Blundell (2010) ilustra que três quartos das florestas asiáticas, dois terços das florestas africanas e um terço das florestas latino-americanas foram afectados por conflitos violentos. Entre os países que foram afectados por conflitos relacionados com as florestas contam-se, entre outros, a Birmânia, a Colômbia, a Costa do Marfim, a República Democrática do Congo (RDC), a Índia, a

Indonésia, o México, o Nepal, as Filipinas, a Serra Leoa, as Ilhas Salomão, o Sudão, o Quénia, o Uganda e, sobretudo, a Libéria, onde o Conselho de Segurança das Nações Unidas teve de sancionar a exploração madeireira em 2003, a fim de pôr termo ao fluxo de receitas para o país, que estava associado ao financiamento da guerra civil.

Os recursos florestais nos países acima referidos têm-se caracterizado por algumas tendências negativas, que alimentam conflitos no interior desses países ou entre vários países. Por exemplo, a guerra civil foi principalmente alimentada pela extração de madeira na Libéria entre 1980-2003 e o seu alastramento à Serra Leoa, à Guiné e à Costa do Marfim. Ao ilustrar a forma como os conflitos sobre os recursos podem começar num país, Blundell (2010) continua a argumentar que certas tendências negativas, como a corrupção no sector florestal ou num país, podem permitir que o perpetrador "contorne o processo de atribuição, evite os regulamentos florestais, fuja aos impostos e escape aos castigos". Consequentemente, há impunidade, gestão racional e desenvolvimento económico frouxos e conflitos inevitáveis. Salienta ainda que as receitas da silvicultura podem ser utilizadas diretamente para alimentar conflitos, especialmente numa situação em que um país utiliza o dinheiro dos impostos sobre os recursos florestais para comprar armas.

Antonia (2011) afirma que os conflitos entre as comunidades e as pessoas de fora (como madeireiros, mineiros e caçadores) não são um fenómeno novo. No passado, os conflitos eram mais limitados em número e mais curtos em duração - com as comunidades florestais a serem rapidamente dominadas por poderes externos. Mas as coisas mudaram em 2009; o carbono florestal não tinha grande valor para os proprietários florestais até esse ano, quando os países desenvolvidos começaram a anunciar objectivos de emissões e se tornou provável um acordo sobre REDD+. No momento em que os investidores poderosos e os governos nacionais se aperceberam do enorme lucro a obter com as florestas tropicais remanescentes, desencadearam-se conflitos violentos nas florestas e por causa delas. O pressuposto legal geral é que "o carbono vai com as árvores e as árvores vão com a terra". Assim, o carbono vai com as árvores e a terra". Mas a natureza confusa da posse das florestas na maioria dos países torna esta lógica simples ingénua. Os conflitos mortais no Peru e a repressão de uma insurreição de longa data na Índia são os exemplos mais proeminentes, mas disputas locais há muito negligenciadas sobre direitos de recursos transformaram-se em conflitos internacionais no Afeganistão e no Delta do Níger. Estes exemplos são indicativos de outros que estão para vir. À medida que aumenta a procura de controlo das florestas, aumentam também os conflitos violentos sobre estes valiosos recursos (Antonia, 2011).

b) Conflitos florestais; África

A África Subsariana vive uma grande variedade de conflitos inter e intra-estatais. Segundo um relatório do Secretário-Geral das Nações Unidas: "Desde 1970, foram travadas mais de 30 guerras em África. Só em 1996, 14 dos 53 países africanos foram afectados por conflitos armados, que representam mais de metade de todas as mortes relacionadas com a guerra a nível mundial e resultaram em mais de 8 milhões de refugiados, retornados e pessoas deslocadas (ONU, 1998). Dado que os conflitos abundam em África, a tendência visível nos recursos ambientais é o declínio e a deterioração dos recursos ambientais. A deterioração do ambiente resultou na vulnerabilidade das populações da região, com uma maior exposição aos riscos ambientais e uma capacidade reduzida para os enfrentar. Esta situação é exacerbada por uma elevada taxa de crescimento demográfico (Mbote, 2005).

De facto, nos últimos 20 anos, os conflitos armados atingiram zonas florestais em mais de 30 países dos trópicos. Exemplos notórios são o Camboja, a Libéria, Myanmar e a Serra Leoa, onde a guerra dos rebeldes se desenrolou em grande parte em zonas florestais transfronteiriças remotas. Os conflitos de menor intensidade incluem lutas intercomunitárias e formas de protesto frequentemente observadas ao longo das fronteiras florestais em países como o Brasil, a Indonésia e o México. Embora cada um destes conflitos tenha o seu próprio contexto histórico e político, muitos revelam um papel distinto da floresta, da sua madeira e dos direitos a ela associados (De Koning, 2007).

Lewis, (1996) estabeleceu que muitas áreas protegidas parecem proporcionar a maior parte dos benefícios à nação em geral, razão pela qual são designadas por "parques nacionais" ou "reservas naturais nacionais", ou mesmo para todo o planeta, razão pela qual algumas áreas são consideradas Património Mundial. Muitas dessas áreas protegidas representam um custo líquido para as pessoas que vivem nelas e à sua volta, quer em termos de diminuição do acesso aos recursos, quer em termos de danos nas colheitas provocados por animais selvagens, quer ainda pelo custo de oportunidade de utilizar esse habitat para outro fim. Assim, a questão da distribuição dos custos e benefícios é fundamental para ajudar a resolver os conflitos nas áreas protegidas. Em muitas partes do mundo, estão a ser adoptadas novas abordagens, frequentemente designadas por "cogestão", como forma de ajudar a resolver os conflitos entre as populações locais e as áreas protegidas (Lewis, 1996). A questão da partilha dos custos/benefícios entre o Estado e as comunidades locais destaca-se como um dos principais factores de conflito na utilização dos recursos florestais.

Sayer et al, (2005) descobriram que os conflitos no sector florestal giram em torno de questões de controlo, acesso à floresta e aos produtos florestais e reivindicações históricas sobre as florestas. Embora a procura de produtos florestais tenha aumentado de forma constante, a área total de florestas continua a diminuir e, entre 1990 e 1995, a área total de florestas nos países em desenvolvimento diminuiu 65,1 milhões de hectares. As principais causas da alteração do coberto florestal nos países em desenvolvimento são a conversão das florestas em terras agrícolas e o desenvolvimento de grandes infra-estruturas. Estes factores intensificaram ainda mais os conflitos entre os gestores florestais, que são frequentemente autoridades estatais poderosas e centralizadas ou a elite governante, e as comunidades menos poderosas dependentes da floresta.

c) Conflitos sobre a utilização dos recursos florestais no Quénia

Alguns dos problemas que afligem o sector florestal no Quénia podem dever-se a conflitos entre a conservação e a utilização e as instituições envolvidas na sua gestão. Os conflitos na utilização das florestas e das terras florestais devem-se, em parte, a uma posse pouco clara (Okoth-Ogendo, 2000). Na ausência de uma posse claramente definida no que respeita à propriedade dos recursos naturais, torna-se necessária alguma forma de negociação que envolva os papéis e as responsabilidades das partes participantes. Muitas comunidades adjacentes às florestas acreditam que as florestas públicas lhes pertencem, embora legalmente o governo as possua. Consequentemente, os membros da comunidade não aceitaram a posição legal de propriedade do governo e continuam à espera do momento em que a floresta lhes será devolvida como os legítimos proprietários do recurso. Além disso, embora as terras florestais no Quénia sejam geridas como um recurso público, as decisões relativas à sua utilização não reflectem geralmente a teoria do bem público, que exige que os bens públicos sejam geridos de forma a beneficiarem mais a população local do que as pessoas de fora (Kigenyi *et al,* 2002).

Ongugo *et al* (2008) avaliaram os efeitos dos conflitos humanos internos na conservação das florestas e no desenvolvimento sustentável no Quénia. Foram identificados vários factores como as principais fontes de conflitos entre os utilizadores da floresta na área de estudo. Estes incluíam a reivindicação legal de produtos florestais, o estabelecimento e o cumprimento de regras que regem a utilização da floresta, restrições à quantidade de produtos florestais colhidos, infracções, terras inadequadas, direitos de utilização da floresta e produtos. No que diz respeito aos conflitos entre os actores, a maioria (51%) dos membros da comunidade mencionou que nos últimos dois anos (antes da data em que os dados foram recolhidos) tinha havido casos de conflitos entre os actores. A principal natureza do conflito identificado foi a crescente escassez de terras para a população em crescimento e a maior procura de produtos florestais, o que, por conseguinte, levou a uma escassez dos recursos florestais. A segunda maior fonte de conflito foram os reguladores florestais, que consideravam que as comunidades eram a principal causa da destruição das florestas. Entre as recomendações, estava a de que a descentralização do poder de tomada de decisões do centro para as instituições de nível local maximizará o envolvimento das comunidades locais para garantir a redução de conflitos e melhorar a gestão sustentável das florestas. No entanto, é necessário analisar melhor os factores que contribuem para os conflitos relacionados com a utilização dos recursos florestais num sistema descentralizado.

2.1.3 Oportunidades de resolução de conflitos de utilização dos recursos florestais

a) Perspetiva global

Em muitas partes do mundo, estão a ser adoptadas novas abordagens - frequentemente designadas por "cogestão" - como forma de ajudar a resolver os conflitos entre as populações locais e as áreas protegidas (Lewis, 1996).

b) A perspetiva de África

Na África Central e Ocidental, o sector florestal contribui com mais de 60% do PIB através da exportação de produtos de madeira. A produção de madeira em África (incluindo madeira redonda e madeira para combustível) aumentou de 340 milhões de m^3 em 1980 para 699 milhões de m^3 em 2000 (FAO 2003b). Contudo, o comércio é caracterizado por produtos não transformados, principalmente madeira redonda e tábuas serradas. Isto significa que o valor potencial total dos recursos florestais não é captado. Existe, por conseguinte, uma enorme oportunidade de investir no valor acrescentado e na transformação dos produtos de madeira. É possível obter maiores benefícios nos países com florestas de folhosas significativas, nomeadamente a República Democrática do Congo (RDC), o Congo, o Gabão e os Camarões, através de disposições institucionais mais inovadoras, como a determinação dos preços com base no mercado através de concursos, a melhoria da cobrança de impostos através da privatização da cobrança de receitas fiscais ou a privatização de funções comerciais (FAO, 2005). Atualmente, vários países impuseram restrições à exportação de toros para incentivar a transformação interna.

No entanto, a transformação nacional tem de ser apoiada por um controlo de qualidade rigoroso para que os produtos de madeira transformados africanos possam ter acesso seguro ao mercado internacional (PNUA 2009). Além disso, os produtos necessitarão de certificação para mostrar que provêm de florestas geridas de forma sustentável, dada a crescente consciência ambiental dos consumidores globais.

Na África Oriental, Ocidental e Austral, mais de 90% dos agregados familiares rurais dependem da lenha, incluindo lenha e carvão vegetal, para satisfazer as suas necessidades energéticas. A sustentabilidade desta elevada dependência é questionável e, cada vez mais, os países africanos estão a olhar para as oportunidades energéticas oferecidas por outros recursos, incluindo a energia solar e eólica. A lenha apoia um comércio local lucrativo. O comércio de carvão vegetal é uma importante fonte de rendimento para muitas famílias. Por exemplo, na Zâmbia, a indústria do carvão vegetal gerou cerca de 30 milhões de dólares só em 1998 e, nesse mesmo ano, cerca de 60 000 zambianos dependiam diretamente da produção de carvão vegetal para a maior parte do seu rendimento. medida que o carvão vegetal se torna um importante produto comercializável, os governos têm a oportunidade de reconhecer e regularizar a produção de carvão vegetal, estabelecendo planos a longo prazo para uma produção sustentável, criando simultaneamente um quadro jurídico e económico favorável ao desenvolvimento das micro e pequenas e médias empresas (PME). Para aumentar a eficiência e garantir que o desenvolvimento deste sector não acelera a desflorestação, são necessárias intervenções políticas adequadas (Kalumiana, 2000).

c) Quénia

A maior parte da literatura (Castro e Nielsen, 2004; Forest Act, 2005) considera a abordagem participativa como uma oportunidade fundamental para abordar os conflitos de utilização dos recursos florestais. O reconhecimento do papel do conflito e da resolução de conflitos resultou, em parte, da descentralização e das abordagens participativas na gestão dos recursos naturais. Estas abordagens implicam um maior envolvimento dos interessados, cada um com as suas próprias prioridades no que respeita aos produtos e serviços que uma floresta deve produzir. A partilha de benefícios surgiu como uma questão importante entre os intervenientes durante a revisão em curso da Lei das Florestas de 2005. A Aliança Nacional das Associações Florestais Comunitárias (NACOFA) contestou em tribunal a implementação planeada do Quadro de Gestão de Concessões, que prevê a concessão da gestão de algumas florestas a empresas privadas.

A Lei das Florestas de 2005 consagra oficialmente a adoção da gestão participativa das florestas (GFP) no Quénia. Prevê-se que a introdução da GFP numa área florestal tenha, entre outros, os seguintes resultados

- Menos conflitos e melhores relações entre as principais partes interessadas
- Maior aceitabilidade social (por vezes política), o que permite formar alianças mais facilmente
- Capacitação de grupos marginalizados através do reconhecimento de direitos e responsabilidades
- Parcerias e alianças mais fortes contra ameaças externas à conservação
- Maior eficiência em termos de custos e recursos (a longo prazo)
- Reforço das competências de muitas partes interessadas/instituições diferentes
- Mecanismos reforçados de trabalho conjunto que podem ser utilizados para abordar outras questões
- Pode conduzir a uma situação "vantajosa para todos" no que respeita à redução da pobreza e à conservação dos recursos naturais.

A Lei das Florestas de 2005 estabelece novas estruturas para assumir funções descentralizadas, incluindo o Conselho da KFS, o Comité de Conservação Florestal (FCC) e a Associação Florestal

Comunitária (CFA). Uma secção inteira (secção 1V) da lei é dedicada à descrição pormenorizada dos procedimentos, requisitos, funções e direitos dos utilizadores para a participação da comunidade na gestão conjunta das florestas.

A Secção 35 (1) da Lei das Florestas de 2005 exige que todas as florestas estatais, florestas das autoridades locais e florestas provisórias sejam geridas de acordo com um plano de gestão. O Plano de Gestão Florestal Participativa da Floresta de Eburu (KFS, *et al,* 2008), assinado pelo diretor do KFS, é um instrumento fundamental no âmbito da GFP que visa minimizar os conflitos e melhorar a gestão florestal sustentável entre os diferentes interessados. O plano divide a floresta em zonas e prescreve intervenções de gestão para as respectivas zonas, identifica os principais participantes e atribui funções, responsabilidades e direitos.

Para além de um plano de gestão, a secção 36 (1) da Lei das Florestas de 2005 exige que o Diretor, com a aprovação do Conselho de Administração, celebre um acordo com qualquer pessoa para a gestão conjunta de qualquer floresta. A Eburu Community Forest Association (ECOFA) elaborou e celebrou um acordo de gestão florestal com a KFS. O acordo, assinado em 2010, define as funções, responsabilidades e direitos da KFS e da ECOFA. Especifica ainda os direitos dos utilizadores, os termos de compromisso e os procedimentos de rescisão.

A Rhino Ark está a facilitar a construção de uma vedação eléctrica para proteger a floresta. (KWS *et al,* 2012). O objetivo geral é proteger a floresta contra a invasão e a degradação e reduzir os conflitos entre humanos e animais selvagens. A vedação também melhorará a ordem social e a segurança geral, reduzindo a incidência de ataques de gado e os conflitos entre conservacionistas locais e madeireiros ilegais. Maathai (2005) salienta que a gestão sustentável dos recursos florestais no Quénia só será possível se praticarmos a boa governação dos recursos florestais, o que exige o respeito pelo Estado de direito, o respeito pelos direitos humanos, a vontade de dar espaço e voz aos fracos e aos mais vulneráveis na nossa sociedade, o respeito pela voz da minoria, mesmo aceitando a decisão da maioria, e o respeito pela diversidade.

2.2 Quadro teórico

O conflito ocorre quando há uma incompatibilidade de interesses, comportamentos, objectivos, valores, necessidades, expectativas e/ou ideologias entre as partes (Boschken, 1982). Daniels, 1993) define os conflitos como desacordos entre duas ou mais partes que causam stress para ou entre os indivíduos em causa. A teoria sobre os conflitos sugere que a maior parte dos conflitos tem *questões substanciais,* bem *como questões de relacionamento* e *processuais* (Moore, 1996, Daniels e Walker 2001). As frustrações com os resultados dos meios de subsistência e os procedimentos injustos, as relações historicamente tensas e a hostilidade, o medo e a raiva entre grupos impedem uma comunicação construtiva que, por sua vez, dificulta a resolução de conflitos; as dinâmicas circulares podem conduzir a uma escalada rápida e à intratabilidade (Opotow, 2000, Coleman, 2000, Ajulu 2002, Kagwanja 2003, Ribot *et al.* 2010).

O modelo clássico de conflito de Galtung (1969) sugere que os conflitos são altamente dinâmicos e podem ser vistos como um triângulo formado por Atitude, Comportamento e Contradição. *As atitudes* incluem as percepções que as partes têm umas das outras e de si próprias. Nos conflitos violentos, prevalecem frequentemente entre as partes estereótipos e emoções humilhantes, como o medo, a raiva, a amargura e o ódio. *O comportamento* pode incluir a cooperação ou a coação, a conciliação ou a hostilidade e, nos conflitos violentos, as ameaças, a coação e os ataques destrutivos são generalizados. *A contradição* refere-se à incompatibilidade real ou percebida de objectivos e interesses. Este estudo adopta o modelo de Galtung.

Daniels (1993) argumenta que a existência de um conflito pressupõe não só a existência de interação entre pessoas ou partes, mas também que existe pelo menos alguma opinião sobre a existência de uma forma de dependência entre elas, quer esta opinião se baseie ou não em circunstâncias práticas ou emocionais, quer se baseie apenas numa suposição dessa dependência. O autor refere a ligação entre o sentimento interior de stress e o comportamento exterior, o que, segundo ele, significa que existirá um conflito mesmo que apenas uma das partes sinta o stress. Afirma ainda que continua a existir um conflito entre as partes, mesmo que estas não tenham os mesmos sentimentos em relação ao mesmo. Observa, assim, que o conflito não pode ser "propriedade" de apenas uma das partes, mas sim ser visto como um conflito individual (um conflito interno) e um conflito relacional e contextual.

Adam *et al,* 2003 argumenta que a gestão de recursos comuns pode ser vista como um problema de ação colectiva e analisada em termos de custos e benefícios da cooperação, desenvolvimento institucional e monitorização, de acordo com variáveis como a dimensão do grupo, composição, relação com poderes externos e caraterísticas dos recursos. No entanto, observa que os debates políticos que daí resultam são muitas vezes falhos devido ao pressuposto de que os actores envolvidos partilham uma compreensão do problema que está a ser discutido.

A maioria das comunidades desenvolve localmente procedimentos e mecanismos para determinar o acesso e os direitos aos recursos florestais (Ostrom, 1990). Se os conflitos forem complexos (por exemplo, muitas questões e/ou muitas partes) ou agravados, os procedimentos locais estabelecidos podem não ser suficientes e pode ocorrer uma escalada descontrolada e violência. A teoria do "impasse doloroso" (Zartman, 1989) prevê que, na ausência de mecanismos adequados de gestão de conflitos, os indivíduos/grupos tomem a iniciativa de resolver o conflito numa determinada altura (quando o conflito está "maduro"). Estas teorias e outras teorias conexas serão úteis para desenvolver procedimentos e mecanismos para resolver os conflitos em tempo útil.

Adams *et al,* (2003) argumenta ainda que os conflitos sobre a gestão dos recursos comuns não são simplesmente materiais, mas dependem das percepções dos protagonistas, na medida em que pessoas diferentes verão recursos diferentes numa paisagem. O autor salienta que as partes terão a perceção de diferentes procedimentos adequados para reconciliar o conflito e que as percepções mudam, porque diferentes elementos da paisagem se tornarão "recursos". Cita um exemplo de um mercado que pode desenvolver-se para algo anteriormente considerado localmente como inútil ou destrutivo de valor, como o turismo de vida selvagem. Nestas situações, argumenta, o domínio do conflito entre beneficiários e outros será tanto cognitivo como material.

A maioria dos conflitos tem causas múltiplas, porque normalmente é necessário mais do que um problema para que ocorra um litígio. As cinco principais causas de conflito (Moor, 2003), que orientaram o estudo, incluem problemas com as relações entre as pessoas, problemas com os dados, interesses percebidos ou incompatíveis, problemas estruturais e valores divergentes.

De acordo com Barnes (2005), "o conflito ocorre quando duas ou mais partes (indivíduos ou grupos) têm ou *percebem* que têm objectivos incompatíveis e esta perceção de incompatibilidade molda as suas atitudes e comportamentos em relação uns aos outros".

2.3 Quadro concetual

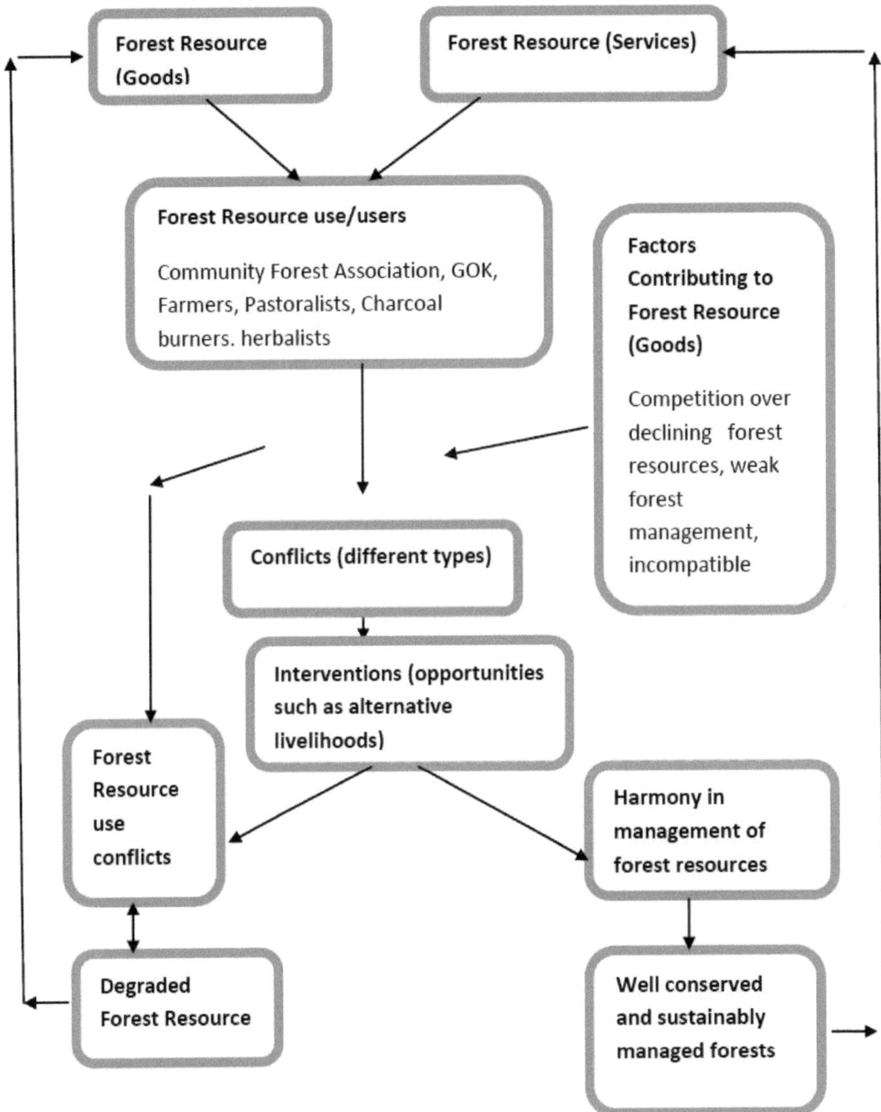

Figura 1: Quadro concetual

Fonte: Investigador, 2015

A interação entre o homem e os recursos florestais é necessária para a sobrevivência do homem. Existe uma multiplicidade de utilizadores dos recursos florestais com necessidades diferentes e objectivos incompatíveis que, juntamente com factores como o crescimento demográfico, a concorrência pelos recursos florestais cada vez mais escassos, as relações tensas entre os intervenientes, a fraca gestão e governação das florestas, entre outros, conduzem a conflitos de utilização dos recursos florestais, que contribuem para a degradação das florestas (Fig. 1)

Contudo, existem oportunidades de intervenção para evitar, transformar ou gerir os conflitos de utilização dos recursos florestais, tais como a oferta de opções alternativas de subsistência, o reforço das capacidades em matéria de gestão de conflitos e de gestão florestal, uma melhor governação florestal e um fluxo de informação eficaz que contribua para uma gestão florestal harmoniosa e para recursos florestais bem conservados e geridos de forma sustentável. No entanto, algumas intervenções, como a construção em curso de uma vedação eléctrica em torno da floresta, também alimentam mais conflitos.

CAPÍTULO 3: CARACTERÍSTICAS DA ZONA DE ESTUDO

3.1 Localização e dimensão

A floresta de Eburu é uma floresta indígena com 8.715,3 hectares, situada no sub-condado de Gilgil. É um dos 22 blocos florestais que constituem o Complexo Florestal de Mau, uma importante bacia hidrográfica (uma das cinco torres de água do Quénia). Está sob a gestão e responsabilidade do Serviço Florestal do Quénia, em conjunto com a comunidade, ao abrigo da abordagem de Gestão Florestal Participativa (GFP), que é definida como um acordo em que as principais partes interessadas celebram acordos mutuamente aplicáveis que definem os respectivos papéis, responsabilidades, benefícios e autoridade na gestão de recursos florestais definidos (KFWG, 2007). A reserva faz fronteira com a Ol Jorai Agricultural Development Corporation (ADC) a norte, com a Loldia Farm a leste e com a Ndabibi ADC a sul. A parte oriental da floresta situa-se no subdistrito de Naivasha, enquanto a parte ocidental norte se situa na divisão de Gilgil. Faz parte do Complexo Florestal de Mau. Está situada num esporão da Escarpa de Mau virado para leste. A floresta situa-se entre as longitudes 36° 05' e 36° 16' Este e as latitudes 0° 40' e 0° 41' Sul. Foi declarada em 1932 sob a proclamação (aviso legal) n.º 44 de 1932 e ocupa uma área de 8 715,3 hectares. Esta área exclui a anexação proposta do complexo da Ol Jorai Agricultural Development Corporation (ADC). A floresta faz parte da bacia hidrográfica dos lagos Naivasha e Elementaita, com várias nascentes subterrâneas. É a nascente do rio Ndabibi e de outros pequenos cursos de água. Tem várias crateras e continua a ser vulcanicamente ativa, como o comprovam os muitos jactos de vapor. A área de estudo constituía a área florestal classificada e a área adjacente num raio de cinco quilómetros, como mostra a Figura 2.

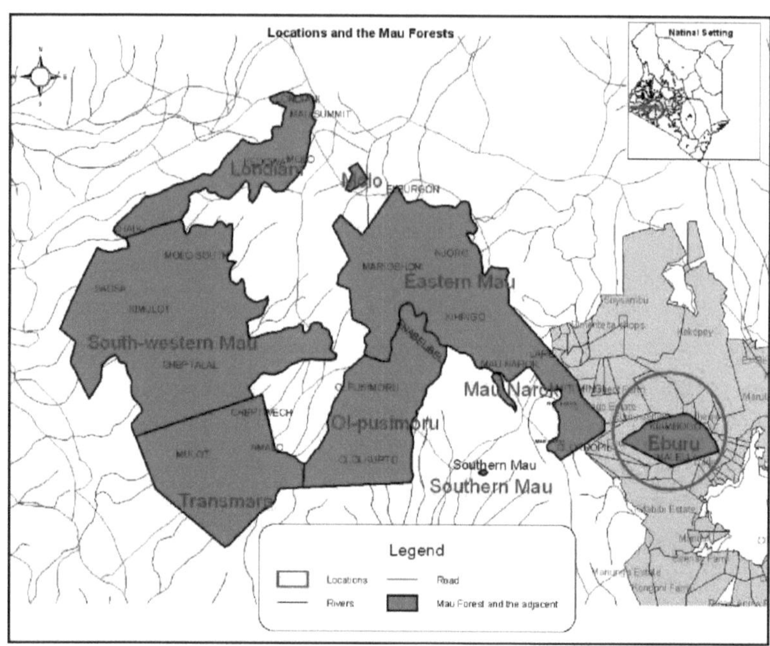

Figura 2: Localização da reserva florestal de Eburu no Complexo de Mau (Fonte: KWS *et al,* 2012)

3.2 Caraterísticas físicas

O Complexo Vulcânico de Eburu está localizado a noroeste do Lago Naivasha e forma a divisão de drenagem entre o Lago e a bacia de Laikipia-Elementaita (Clarke *et al.* 1990). O complexo estende-se por uma área de cerca de 470 km^2 e compreende três entidades topográficas: Eburu Ocidental, Eburu Oriental e Waterloo Ridge. A vulcanicidade mais jovem e a maior concentração de atividade geotérmica de superfície estão associadas a Eburu Oriental. Eburu Ocidental constitui cerca de 35% da área total e estende-se pelas plataformas com falhas ao longo da margem oeste do rift. Tem uma altitude máxima de 2.820 m e os flancos superiores apresentam um padrão radial de cursos de água efémeros com ravinas com mais de 200 m de profundidade.

3.3 Biodiversidade

O ecossistema mais vasto da floresta de Eburu é rico em biodiversidade. A vida selvagem habita a floresta e as terras agrícolas e áreas de conservação circundantes, incluindo pequenos e grandes herbívoros, carnívoros e primatas. De particular interesse na Floresta de Eburu é uma pequena população do antílope Eastern Mountain Bongo, em perigo crítico de extinção. Para além disso, existe uma abundante avifauna no ecossistema, sendo a Reserva Florestal de Eburu identificada como o local mais quente para espécies de aves em todo o Complexo Florestal de Mau. A área apresenta uma diversidade de flora, incluindo espécies arbóreas como Acacia sp, *Allophylus* sp, *Arundinaria sp, Buddleia sp, Dombeya sp, Dovyalis sp, Ekebergia sp, Galiniera sp, Juniperus sp, Maesa sp, Maytenus sp, Nuxia sp, Olea sp, Olinia sp, Podocarpus sp, Polyscias sp, Prunus sp, Rapanea sp, Schefflera sp, Solanum sp, Tarchonanthus sp, Vernonia sp* (KFWG e KFS, 2008).

3.4 Solos

Os solos da floresta de Eburu pertencem ao grupo dos Andossolos, derivados de material de origem piroclástico, nomeadamente tufo de cinzas vulcânicas, pedra-pomes, cinzas e outros materiais vulcânicos de várias composições (Driessen e Dudal, 1989). Os andossolos têm um perfil AC ou ABC com um horizonte Ah escuro de 20 a 50 cm de espessura sobre um horizonte B ou C castanho. A maioria dos Andossolos tem uma excelente drenagem interna caracterizada por propriedades de troca de ação altamente variáveis (dependendo da idade, pH e concentração de electrólitos). A fertilidade natural dos Andossolos é elevada, particularmente quando não expostos à lixiviação e à erosão hídrica, tornando-os adequados para a produção agrícola (KWS *et al*, 2012).

3.5 Caraterísticas demográficas

A população total das três localidades (Eburu, Kiambogo e Ndabibi), de acordo com o Recenseamento Nacional da População e da Habitação de 2009, era de 29 490 pessoas. A localidade de Eburu tinha a população mais elevada (13 573), seguida de Ndabibi (8 398) e Eburu (7 161).

A elevada taxa de crescimento demográfico criou uma população predominantemente jovem, com cerca de 55% da população com menos de 20 anos de idade e cerca de 74% da população com 30 anos. A implicação de uma grande população jovem é o facto de exercer pressão sobre os recursos naturais disponíveis. Esta área é dominada por culturas agrícolas e comunidades pastoris. O padrão de povoamento em torno da floresta é grandemente influenciado pela rede de infra-estruturas, pela proximidade de instalações urbanas e pela disponibilidade de recursos naturais.

A agricultura é a principal atividade económica na área do projeto. As actividades agrícolas incluem a agricultura, a criação de gado e a floricultura ao longo do Lago Naivasha. Estima-se que 70% da população esteja envolvida na agricultura, o que a torna a principal fonte de emprego. Além disso, a proporção dos rendimentos das famílias provenientes das actividades agrícolas é de cerca de 80%.

As actividades agrícolas estão fortemente dependentes da precipitação, que é geralmente baixa e inadequada, resultando frequentemente em secas. As regiões mais baixas continuam, portanto, a ser vulneráveis, com insegurança alimentar e caracterizadas por uma pobreza endémica (KWS *et al*, 2012).

3.6 Utilização dos solos e povoamento humano

A principal utilização das terras em torno da floresta de Eburu é a agricultura de subsistência e a pastorícia em pequena escala. O milho, as batatas, o feijão e os legumes são as principais culturas cultivadas na zona, enquanto o trigo e o piretro são as principais culturas de rendimento. Na parte sul de Eburu encontram-se também grandes explorações agrícolas pertencentes a criadores de gado. Existem três grandes sistemas de povoamento humano em torno da floresta, nomeadamente Eburu, Ndabibi e Oljorai.

3.7 Clima e hidrologia

A área de estudo está localizada no condado de Nakuru, que se insere na Zona Ecológica III e recebe uma precipitação anual estimada entre 700-760 mm. Tem um padrão de precipitação bimodal. As chuvas curtas caem entre outubro e dezembro, enquanto as chuvas longas caem entre março e maio. A precipitação anual é fortemente influenciada pela altitude, que varia de 1.530 a 2.820 metros acima do nível do mar. As temperaturas variam entre 24 e 29 graus centígrados. As temperaturas mais altas são registadas nos meses de dezembro, janeiro e fevereiro, enquanto as temperaturas mais baixas são registadas em junho e julho. A floresta faz parte da bacia hidrográfica dos lagos Naivasha e Elementaita, com várias nascentes subterrâneas. É a nascente do rio Ndabibi e de outros pequenos riachos. Tem várias crateras e continua a ser vulcanicamente ativa, como o comprovam os muitos jactos de vapor.

3.8 Conflitos entre o homem e a vida selvagem e degradação florestal

Ao longo do tempo, têm-se registado conflitos entre o homem e a vida selvagem e uma degradação florestal crescente. Por este motivo, foi construída uma vedação eléctrica à volta da floresta. O projeto de vedação é uma iniciativa do Serviço de Vida Selvagem do Quénia (KWS), do Rhino Ark Charitable Trust (RA), do Serviço Florestal do Quénia (KFS), das comunidades adjacentes à floresta e de outras partes interessadas vizinhas. O projeto visa conservar o ecossistema florestal de Eburu como parte do Complexo Florestal de Mau, com o objetivo geral de proteger a floresta contra a invasão e a degradação e de reduzir os conflitos entre o homem e a vida selvagem (KWS *et al,* 2012).

3.9 Desenvolvimento geotérmico

A energia geotérmica apresenta uma alternativa limpa e mais amiga do ambiente aos combustíveis tradicionais (Teklemariam, 2012). A floresta tem um potencial muito elevado para a produção de energia geotérmica, tal como comprovado pelo mapa de recursos geotérmicos do país. Estudos hidrogeológicos realizados pela Kenya Electricity Generating Company (KENGEN) estabeleceram um enorme potencial na Reserva Florestal de Eburu Oriental para a produção de energia geotérmica. (KWS *et al*, 2012). Isto levou a uma expansão do desenvolvimento geotérmico pela Kenya Electricity

Generating Company (KENGEN), que perfurou seis poços em Eburu. Dos seis poços perfurados, apenas os poços EW-01, EW-04 e EW-06 foram produtivos, com uma capacidade estimada de 2,4 MWe, 1,0 MWe e 2,9 MWt, respetivamente, enquanto os restantes poços não conseguiram descarregar. A central geotérmica de Eburru, que utiliza o vapor do poço EW-01, está a gerar 2,5 MWe desde 2012, altura em que a central entrou em funcionamento. A KenGen tem planos para perfurar e desenvolver ainda mais o campo (Mutugi, 2014). O Serviço Florestal do Quénia concedeu uma licença à KENGEN para explorar esta energia renovável: esta iniciativa está a ser liderada pelo Governo do Quénia no âmbito da Iniciativa de Desenvolvimento Acelerado de Energia Verde. A KENGEN arrendou uma área de 437 hectares para os seus poços de produção de energia geotérmica e local de operações no ecossistema de Eburu (KWS *et al*, 2012).

CAPÍTULO 4: METODOLOGIA DO ESTUDO

4.1 Amostragem

a) Tamanho da amostra

Os agregados familiares foram utilizados como base para a amostragem. Os dados sobre os agregados familiares a nível local foram obtidos a partir do Recenseamento da População e Habitação do Quénia de 2009 (KNBS, 2010). Em cada local, os agregados familiares num raio de 5 km a partir do limite da floresta foram estimados com base nos relatórios de patrulha terrestre do KFS, ou seja, Kiambogo 200 agregados familiares; Eburu, 350 agregados familiares; Ndabibi, 300 agregados familiares, perfazendo um total de 850. Através de uma amostragem proporcional, foram selecionados 155 agregados familiares (Kiambogo, 40; Eburu, 60; e Ndabibi 55), particularmente no que diz respeito à recolha de dados primários através de questionários, conforme indicado no Quadro 1.

Quadro 1: Amostra

Localização	Kiambogo	Eburu	Ndabibi
População total para todo o local	13,931	7,161	8,398
Agregados familiares	3,206	1,553	2,361
Área total do local km2	134.3	245.9	2,361
Densidade	104	29	64
Estimativa dos agregados familiares num raio de 5 km de distância do limite da floresta	200	350	300
N.º de agregados familiares incluídos na amostra	40	60	55

Fonte: KNBS, 2010

b) Técnicas de amostragem

Foi adoptada uma amostragem multiestágio, em que foi utilizada uma amostragem intencional para identificar a área de amostragem, enquanto a amostragem aleatória foi adoptada na recolha de dados através da administração de questionários nas três áreas de amostragem representativas. Na sequência de um inquérito de reconhecimento, a área foi estratificada com base na utilização dos solos e nos esquemas de povoamento, prestando atenção às explorações agrícolas de grande dimensão no lado sul, que têm pouca população (área de Ndabibi), aos esquemas de povoamento seguro no nordeste (área de Eburu) e às antigas explorações ADC densamente povoadas no noroeste (Kiambogo). Ndabibi, Eburu e Kiambogo foram as áreas de amostragem selecionadas para o estudo. As áreas de amostragem selecionadas constituem também os três locais em torno da floresta de Eburu.

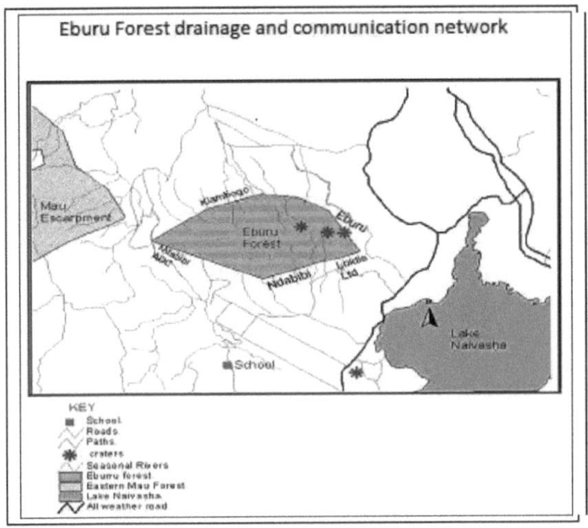

Fonte: KFWG *et al,* 2009

Figura 3: Rede de drenagem e comunicação da floresta de Eburu Eburu

4.2 Recolha de dados

4.2.1 Recolha de dados secundários

Os dados secundários foram obtidos em bibliotecas e na Internet. A revisão concentrou-se em trabalhos publicados e não publicados que incluíam livros, revistas, relatórios, políticas e peças de legislação. As questões analisadas incluíram a situação da gestão e governação florestal, o controlo do acesso aos recursos florestais, o nível de participação da comunidade nos principais processos de tomada de decisões, a situação ambiental, a partilha de informações e a natureza e tipo de utilização dos recursos florestais. Outros elementos-chave explorados foram os acordos de partilha de benefícios, as perspectivas regionais e globais de conservação das florestas, as estruturas de gestão de conflitos existentes, as caraterísticas demográficas, os vários regimes de gestão das questões florestais e os mapas da zona. As conclusões da análise documental serviram de base à recolha de dados primários.

4.2.1 Recolha de dados primários

Os dados brutos foram obtidos no terreno através da utilização de questionários, observações e discussões orientadas com informadores-chave e durante as discussões de grupos focais.

a) Inquérito por questionário

Foram administrados 155 questionários estruturados nas zonas estratificadas de Kiambogo, Ndabibi e Eburu. Do total, 59 inquiridos eram homens e 96 eram mulheres. Foram contratados enumeradores locais familiarizados com a língua local para ajudar na administração dos questionários. Os enumeradores foram submetidos a uma sessão de familiarização e formação sobre a recolha de dados, após a qual o questionário foi pré-testado e aperfeiçoado. A distribuição dos questionários foi proporcional à população da área estratificada (quadro 1). A distância do inquérito em relação ao limite da floresta foi determinada com base nas condições locais, tais como estradas, terreno e padrão de povoamento, que se manteve aproximadamente a 5 km do limite da floresta. Durante a administração do questionário, foram identificados os membros da comunidade com bons conhecimentos e experiência em matéria de conservação da floresta e conflitos de utilização de recursos na área.

b) Discussões em grupo

Após o inquérito por questionário e a análise dos dados, foram organizadas discussões de grupo de foco com os principais inquiridos. Foram organizadas três discussões de grupos de foco em Eburu (escritório da KFS em Eburu), no centro de Kiambogo e no centro de Kongasis. As discussões dos grupos de centragem realizadas em Kiambogo tiveram como alvo as CFA, enquanto as discussões dos grupos de centragem de Kongasis tiveram como alvo os pastores, principalmente das comunidades Maasai. O FGD realizado no escritório de Eburu KFS teve como alvo as mulheres, tanto membros da CFA como não membros da CFA. O objetivo era clarificar e preencher as lacunas de informação identificadas nos questionários.

c) Entrevistas com informadores-chave

A base para a identificação dos actores-chave a entrevistar baseou-se tanto na revisão da literatura como nos resultados da recolha de dados no terreno. Os actores identificados foram aqueles que foram amplamente mencionados, que possuem uma grande quantidade de informação e experiência sobre o assunto, que são parceiros-chave no que diz respeito à conservação de Eburu ou que têm um interesse especial e uma boa compreensão de Eburu e da interação dos aspectos socioeconómicos e ambientais. Foram entrevistados representantes das seguintes instituições: KFS, Rhino Ark, ECOFA, NAPNET, Associação Profissional de Naivasha e Imarisha Naivasha.

4.3 Análise e apresentação de dados

Os dados quantitativos obtidos através dos questionários foram verificados, corrigidos, codificados e introduzidos no Statistical Package for Social Sciences (SPSS). A análise dos dados foi efectuada utilizando estatísticas descritivas e inferenciais e apresentada através de tabelas, gráficos e quadros de distribuição de frequências. Os dados qualitativos obtidos através de entrevistas a informadores-chave e de discussões em grupos de discussão foram analisados segundo áreas temáticas.

4.4 Teste de hipóteses

Foi aplicado o teste do qui-quadrado para testar as hipóteses nulas. O feedback apresentado sob a forma de frequências para três perguntas, de acordo com as respectivas hipóteses nulas, foi a base do teste do qui-quadrado.

CAPÍTULO 5: RESULTADOS E DISCUSSÃO

Este capítulo explica os resultados do campo com base nos objectivos do estudo e nas hipóteses do capítulo anterior. Os resultados baseiam-se nos dados recolhidos entre maio e agosto de 2014. Os resultados aqui apresentados incluem: documentação de diferentes tipos de conflitos relacionados com a floresta em Eburu, investigação dos factores que contribuem para os conflitos de utilização dos recursos florestais e oportunidades de resolução de conflitos na floresta de Eburu. Foram utilizadas diferentes abordagens para apresentar as conclusões, que incluem a utilização de quadros, gráficos e tabelas para a análise descritiva.

5.1 Tipos e manifestações dos conflitos de utilização dos recursos florestais

5.1.1 Existência de conflitos de utilização dos recursos florestais

A maioria dos inquiridos (66,5%) indicou a existência de conflitos de utilização dos recursos florestais na floresta de Eburu, enquanto 33,5% referiram que não existem (figura 4).

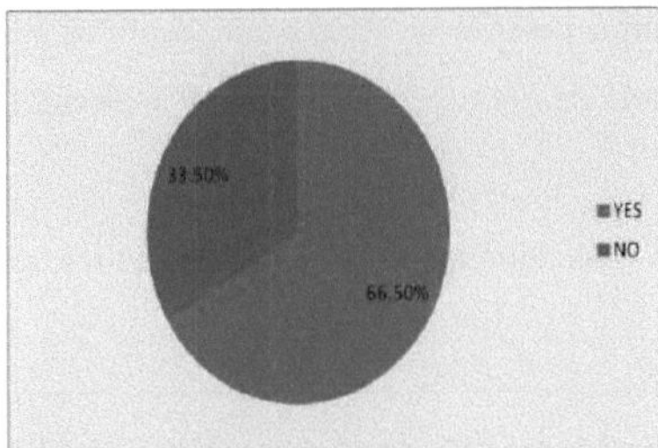

Fonte: Investigador, 2015

Figura 4: Existência de conflitos de utilização dos recursos florestais em Eburu

Em relação às regiões (quadro 2), um número proporcionalmente maior de inquiridos assinalou a existência de conflitos de utilização dos recursos em Eburu (48,8%), seguido de Kiambogo (47,2%) e Ndabibi (44,0%).

Quadro 2: Existência de conflitos de utilização dos recursos florestais

	Sim	Não
Eburu	48.8%	48.5%
Ndabibi	44.0%	48.5%
Kiambogo	47.2%	43.1%

Fonte: Investigador, 2015

As constatações são coerentes com (Castro e Nielsen, 2004) que estabeleceram que, na gestão florestal, os conflitos podem ser ocasionados pela degradação ou declínio dos recursos florestais e a consequente competição sobre as quantidades reduzidas de produtos florestais; pela perceção de escassez através da utilização competitiva; e, e uma falha na negociação de regras e regulamentos para a partilha de um recurso que são aceitáveis para todas as partes interessadas. A degradação dos recursos florestais em Eburu tem sido testemunhada no passado recente e a Lei das Florestas de 2005 tem sido contestada por não prever adequadamente mecanismos de partilha de benefícios. (Matiru, 2004) argumenta que os recursos naturais são importantes fontes de segurança dos meios de subsistência das comunidades, mas a distribuição dos benefícios desses recursos é desigual, sendo que algumas comunidades que suportam o maior custo das actuais práticas de gestão dos recursos naturais colhem os menores benefícios. Este facto contribui para a existência de conflitos de utilização dos recursos.

Teste de hipóteses

Ho: Não existem conflitos de utilização dos recursos na floresta de Eburu

Para permitir o teste da hipótese nula, o estudo incluiu uma amostra de cento e cinquenta e cinco (155) agregados familiares adjacentes à floresta e procurou determinar se existem conflitos de utilização dos recursos entre as partes interessadas na floresta de Eburu. Os dados foram analisados através de um teste de adequação do qui-quadrado.

Quadro 3: Teste do Qui-Quadrado (Existem conflitos relacionados com a floresta entre as partes interessadas na floresta de Eburu?)

	Observado N	Esperado N	Residual
Sim	103	77.5	25.5
Não	52	77.5	-25.5
Total	155		

O Quadro 3.0 mostra as respostas em frequências à pergunta que procurava determinar se existem conflitos relacionados com a floresta entre os interessados na floresta de Eburu.

Quadro 4: Estatísticas inferenciais

	Existem conflitos relacionados com a floresta entre as partes interessadas na floresta de Eburu?
Qui-quadrado	16.781[a]
df	1
Asymp. Sig.	.000

Fonte: Dados de campo, 2014

a. 0 células (0,0%) têm frequências esperadas inferiores a 5. A frequência mínima esperada das células é 77,5.

- Nível de significância (α) = 0,05
- p-valor = 0,000
- Estatística do Qui-quadrado calculada (X^2) = 16,781
- Grau de liberdade (df) = 1
- ***X^2 (1) = 16,781, P≤0,05***

A Tabela 4.0 mostra que a estatística X2 calculada, para um grau de liberdade de 1, é 16,781. Indica também que o valor de significância (0,000) é inferior ao valor limite de 0,05, resumido da seguinte forma X2 (1) = 16,781, *p*≤ .05

Quadro 5: Valores críticos da distribuição do Qui-Quadrado

Accept Hypothesis ← → **Reject Hypothesis**

Percentage Points of the Chi-Square Distribution

Degrees of Freedom	Probability of a larger value of x^2								
	0.99	0.95	0.90	0.75	0.50	0.25	0.10	0.05	0.01
1	0.000	0.004	0.016	0.102	0.455	1.32	2.71	3.84	6.63
2	0.020	0.103	0.211	0.575	1.386	2.77	4.61	5.99	9.21
3	0.115	0.352	0.584	1.212	2.366	4.11	6.25	7.81	11.34
4	0.297	0.711	1.064	1.923	3.357	5.39	7.78	9.49	13.28
5	0.554	1.145	1.610	2.675	4.351	6.63	9.24	11.07	15.09
6	0.872	1.635	2.204	3.455	5.348	7.84	10.64	12.59	16.81
7	1.239	2.167	2.833	4.255	6.346	9.04	12.02	14.07	18.48
8	1.647	2.733	3.490	5.071	7.344	10.22	13.36	15.51	20.09
9	2.088	3.325	4.168	5.899	8.343	11.39	14.68	16.92	21.67
10	2.558	3.940	4.865	6.737	9.342	12.55	15.99	18.31	23.21

A Tabela 5.0 mostra os valores críticos para a distribuição do qui-quadrado. O valor crítico com um grau de liberdade de 1 e um nível de significância (a) de 0,05 é 3,84, pelo que a estatística calculada (X^2) de 16,781 é superior ao valor crítico do qui-quadrado (3,84). A hipótese nula é rejeitada.

5.1.2 Partes interessadas envolvidas em conflitos de utilização dos recursos florestais na floresta de Eburu

Tabela 6: Partes interessadas envolvidas em conflitos de utilização de recursos

Partes interessadas	Percentagem
Comunidade	47.0%
KFS	28.9%
KWS	13.9%
KenGen	2.0%
Arca do Rinoceronte	4.2%

Sem resposta	4%

Fonte: Pesquisador, 2015.

De acordo com a tabela 6, a comunidade local (47,0%) e o KFS (28,9%) foram identificados como as principais partes envolvidas no conflito de utilização dos recursos florestais. Outros intervenientes que se verificou estarem envolvidos incluem o KWS (13,99%), a Rhino Ark (4,2%) e o KenGen (2,0%).

De acordo com as entrevistas com os inquiridos, a má regulamentação do pastoreio é uma questão fundamental que contribui para os conflitos entre a comunidade devido à competição pelo pasto no interior da floresta. A KenGen foi mencionada em relação aos impactos ambientais negativos associados à produção de energia geotérmica na estação de Eburu. A Rhino Ark foi mencionada por causa da vedação eléctrica da floresta de Eburu, que gerou queixas devido ao número reduzido de portões de acesso e à falta de participação da comunidade na seleção da localização dos portões de acesso. O pastoreio e a recolha de lenha são as principais actividades afectadas. Embora a vedação seja uma iniciativa de colaboração, os inquiridos associam-na mais à Rhino Ark.

As constatações são consistentes com (Ongugo *et al,* 2008) que identificaram os reguladores dos recursos florestais e a comunidade como os principais interessados envolvidos em conflitos sobre a utilização dos recursos florestais, num estudo realizado visando 14 florestas sobre o Efeito dos Conflitos Humanos internos na conservação das florestas e no desenvolvimento sustentável no Quénia. Enquanto os reguladores florestais (KFS, KWS e conselhos de condado) consideravam que as comunidades eram as principais causas da destruição das florestas, as comunidades consideravam que os reguladores eram corruptos e lhes negavam o direito de acesso às florestas.

5.1.3 Tipos de conflitos de utilização dos recursos florestais

O estudo identificou e descreveu diferentes tipos de conflitos com base nos actores envolvidos nos respectivos conflitos.

a) Conflito entre a comunidade local de Eburu e a KenGen

A discussão em grupo com representantes de grupos de mulheres em Eburu indicou a existência de um conflito entre a KenGen e a comunidade local. O conflito gira em torno da produção de energia geotérmica da KenGen e dos seus impactos ambientais negativos. A KenGen tem uma central de produção de eletricidade na orla da floresta, no interior da floresta, mas perto de povoações humanas. O principal motivo de preocupação foi a emissão de gás sulfídrico e a deposição de sílica nas culturas, que contribuiriam para o aparecimento de doenças respiratórias, especialmente em crianças com menos de dez anos, e para o declínio do rendimento das culturas, respetivamente. Outra questão preocupante levantada pela comunidade em relação à KenGen foi o facto de não ter honrado a sua promessa de proporcionar oportunidades de emprego à comunidade local em Eburu. Soube-se que a comunidade organizou manifestações como forma de expressar as suas queixas, o que conseguiu levar a KenGen a uma mesa de negociações, onde se chegou a um acordo de indemnização. A empresa ofereceu-se igualmente para encomendar estudos destinados a produzir provas científicas que servissem de base para a adoção de medidas corretivas a longo prazo.

Fonte: KFWG, 2013

Placa 1: Central geotérmica da KenGen em Eburu

O sulfureto de hidrogénio é um gás incolor, inflamável e extremamente perigoso com um cheiro a "ovo podre". A principal via de exposição é a inalação e o gás é rapidamente absorvido pelos pulmões. Ocorre naturalmente no petróleo bruto, gás natural e fontes termais. É simultaneamente um irritante e um asfixiante químico com efeitos na utilização do oxigénio e no sistema nervoso central. As baixas concentrações irritam os olhos, o nariz, a garganta e o sistema respiratório. Os asmáticos podem sentir dificuldades respiratórias. Exposições repetidas ou prolongadas podem causar inflamação ocular, dores de cabeça, fadiga, irritabilidade, insónia, perturbações digestivas e perda de peso. Concentrações moderadas podem causar irritação ocular e respiratória mais grave (incluindo tosse, dificuldade em respirar e acumulação de fluido nos pulmões), dores de cabeça, tonturas, náuseas, vómitos, cambalhotas e excitabilidade. (Departamento do Trabalho dos EUA, 2006)

b) Conflito entre a comunidade local e a Rhino Ark

O conflito diz respeito à construção de uma vedação eléctrica em torno da floresta de Eburu. De acordo com o relatório de avaliação do impacto ambiental, o projeto de vedação é uma iniciativa do Serviço de Vida Selvagem do Quénia (KWS), do Rhino Ark Charitable Trust (RA), do Serviço Florestal do Quénia (KFS), das comunidades adjacentes à floresta e de outras partes interessadas vizinhas. O seu objetivo geral é proteger a floresta contra a invasão e a degradação e reduzir os conflitos entre o homem e a vida selvagem. A vedação foi assim considerada como um instrumento para melhorar a conservação e a recuperação da floresta, controlando as actividades humanas ilegais e a sobre-exploração dos recursos florestais.

De acordo com o estudo, em geral, os inquiridos indicaram que a vedação era necessária para a conservação da floresta. No entanto, a maioria (58,10%) referiu que tinha preocupações sobre a vedação que exigiam atenção urgente (Figura 5).

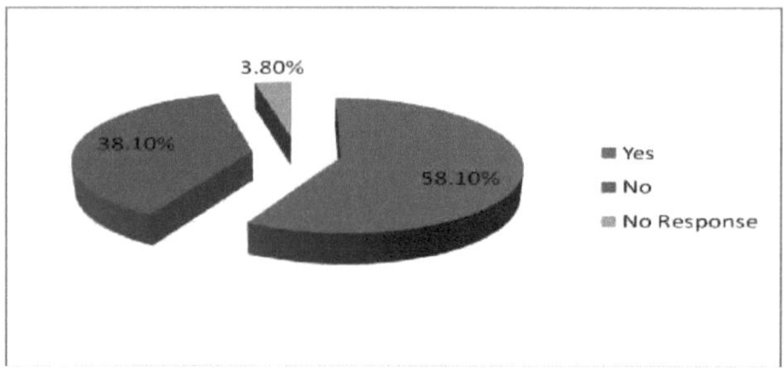

Fonte: Investigador, 2015

Figura 5: Perceção da comunidade sobre a vedação eléctrica de Eburu

A maioria dos entrevistados (38,7%) citou a inadequação dos portões de acesso como o principal desafio (Tabela 7). Dos entrevistados, (38,1%) tiveram problemas com a cerca que restringe a coleta de lenha, enquanto (14,8%) tiveram problemas específicos com o acesso restrito ao pasto autorizado. Os pecuaristas indicaram que não foram consultados no que diz respeito à localização dos portões de acesso. O curto-circuito da vedação para entrada ilegal (4,5%) também surgiu como um problema.

Quadro 7: Questões dos membros da comunidade sobre a vedação eléctrica da floresta de Eburu

Questões	Percentagem
Os portões não são suficientes	38.7%
A vedação está a limitar a recolha de lenha	38.1%
A vedação está a restringir o pastoreio	14.8%
É curto-circuitada por pessoas que entram ilegalmente no país	4.5%
Sem resposta	3.9%

Fonte: Investigador, 2015

Contrariamente aos sentimentos negativos da comunidade local em relação à vedação, os resultados de uma Avaliação Ambiental, Social e Económica da vedação da Área de Conservação de Aberdare (KWS et al, 2011), realizada cinco anos após a conclusão da vedação, relataram os seguintes impactos: *redução dos conflitos entre humanos e animais selvagens, aumento da produção agrícola e da silvicultura, redução das actividades ilegais, melhoria dos meios de subsistência e dos rendimentos das famílias, valorização da terra, aumento das receitas para o governo, melhoria da segurança, melhoria do fluxo de água e aumento da cobertura florestal.* A avaliação estabelece os seguintes desafios sobre a vedação que são consistentes com as conclusões deste estudo;

- Participação inadequada da comunidade na tomada de decisões, especialmente no que se refere à localização dos portões
- Número inadequado de portões que impede a facilitação do acesso gerido.
- Reclamações da comunidade sobre promessas não cumpridas pelos responsáveis pela aplicação das vedações
- As actividades ilegais têm persistido apesar da presença da vedação, dos guardas da vedação, do pessoal do KFS e do KWS. Estas actividades incluem o abate ilegal de postes e bambu, a colheita de produtos medicinais, o corte de erva/forragem sem autorização e a destruição da vedação.

c) Conflitos entre o KFS e a comunidade sobre actividades ilegais

Os Oficiais do KFS na Estação Florestal de Eburu têm o dever principal de aplicar a Lei de Florestas de 2005. A partir de entrevistas e discussões com informantes-chave, sentiu-se, contudo, que a Lei é demasiado restritiva e nega à comunidade alguns direitos consuetudinários de acesso aos produtos florestais. A comunidade adjacente à floresta incorre em custos relacionados com a presença da floresta, tais como danos à vida selvagem, mas a Lei das Florestas de 2005 não prevê a partilha de benefícios entre o governo e a comunidade. Considerou-se que os direitos de utilizador previstos na lei não são considerados como benefícios, pois são direitos tradicionais consuetudinários. Foi indicado que o sentimento de privação de direitos contribuiu para uma escalada do acesso ilegal aos produtos florestais. A opinião dos membros da comunidade de que alguns oficiais do KFS na estação são corruptos e estão em conluio com traficantes ilegais parece incentivar as atividades florestais ilegais. Verificou-se que o conflito levou à morte a tiro de um presumível vendedor de carvão vegetal em Ndabibi.

Um estudo sobre o efeito dos conflitos humanos internos na conservação das florestas e no desenvolvimento sustentável no Quénia (Ongugo *et al, 2008)* identificou a reivindicação legal de produtos florestais, o estabelecimento e o cumprimento das regras que regem a utilização da floresta, as infracções, as restrições à quantidade de produtos florestais colhidos e os direitos de utilização da floresta como as principais fontes de conflitos entre os utilizadores da floresta. Este facto é consistente com as conclusões do estudo que estabeleceram que o acesso ilegal à floresta é uma questão importante relacionada com os conflitos de utilização dos recursos florestais.

As tendências florestais (2002) confirmam que as interações entre os povos indígenas, os governos e os interesses florestais comerciais têm sido historicamente muito controversas. A partir do século XVI, os governos de todo o mundo passaram por cima dos direitos tradicionais dos povos nativos e deram às agências florestais governamentais autoridade sobre vastas extensões de floresta natural e sobre os habitantes indígenas. A adoção de uma abordagem de utilização múltipla, num ambiente de consulta, ganharia o apoio da comunidade, reforçando assim os objectivos de conservação das florestas.

d) Conflito entre o KFS e a comunidade sobre a recolha de lenha

A maioria dos inquiridos indicou a energia de biomassa (lenha e carvão vegetal) como a sua principal fonte de energia, como indicado no quadro 5. Em Eburu, o carvão vegetal (40%) é a principal fonte de energia, seguido da lenha (39%), enquanto em Ndabibi e Kiambogo a lenha é a principal fonte de energia. Em todas as zonas, a eletricidade constitui uma parte relativamente pequena da fonte de energia. Não foi feita qualquer menção à energia solar ou ao biogás.

De acordo com as entrevistas, a lenha é recolhida da floresta mediante o pagamento de uma taxa através de licenças de lenha. O carvão vegetal não faz parte dos direitos de utilização concedidos aos membros da CFA. Por conseguinte, é produzido e acedido ilegalmente a partir da floresta. Foi indicado numa entrevista com o guarda florestal da Estação Florestal de Eburu que alguns dos colectores de lenha autorizados se dedicam a actividades não autorizadas, o que o levou a suspender a emissão de licenças. A partir de entrevistas com os membros da CFA, foi indicado que a comunidade se sentiu prejudicada pelo facto de a decisão do guarda florestal não ter sido consultiva e não ter sido avisada com antecedência.

Isto é consistente com (Lewis,1996) que analisou estudos de caso sobre a gestão de conflitos em áreas protegidas e descobriu que em quase todos os estudos de caso, os conflitos estão relacionados com: 1) falta de atenção ao processo de envolvimento da população local e de outras pessoas que se preocupam com a área protegida no planeamento, gestão e tomada de decisões para a área, e/ou 2) pessoas das comunidades vizinhas com necessidades (por exemplo, de pastagens, lenha, materiais de construção, forragem, plantas medicinais e caça) que entram em conflito com os objectivos da área protegida.

Quadro 8: Principal fonte de energia para cozinhar

Fonte de energia	Eburu	Ndabibi	Kiambogo
Lenha	39%	40%	56%
Carvão vegetal	40%	31%	29%
Eletricidade	21%	22%	15%

Fonte: Investigador, 2015

e) Conflitos entre os membros da comunidade sobre a utilização dos recursos florestais

As entrevistas com os inquiridos indicaram a existência de numerosos conflitos entre a comunidade sobre a utilização dos recursos florestais. Entre as actividades conflituosas que resultaram em conflitos, foram assinaladas as seguintes

- Arrancamento de plântulas plantadas numa secção da floresta devido a divergências entre dois grupos comunitários
- Espezinhamento e pastoreio de milhares de plântulas de árvores plantadas nas zonas de reabilitação pelo gado
- Confronto entre os pastores que dão de beber aos animais diretamente na nascente da fonte e os membros da CFA que se deslocam para conservar e proteger a fonte (Ole Sirwa)
- Incêndio de *bandas* de ecoturismo que se encontravam no interior da floresta devido a divergências entre os membros da comunidade.

f) Conflitos entre pastores e agricultores locais sobre a água

A água das nascentes que ocorrem no interior da floresta foi canalizada para pontos de rega/coleção fora da floresta. Entre estas nascentes encontram-se Ole Sirwa e Morop.

Embora a maioria dos canos estivesse a verter devido à idade avançada, existe a perceção de que os pastores partem os canos para aceder à água para dar de beber ao gado dentro da floresta. Também se alega que os pastores dão de beber aos seus animais diretamente na nascente, o que degrada a captação e polui a água. Estas duas actividades foram consideradas como as principais causas da diminuição da água a jusante. Foi relatado um conflito resultante desta situação que resultou na perda de vidas em Morop em 2009, durante a estação seca.

Os resultados apontam para uma competição pelos escassos recursos hídricos durante a estação seca. Este facto é consistente com Wood (1993) que estabelece que a escassez de recursos naturais leva à competição que pode resultar em conflito. Conclui ainda que a luta e a insegurança podem impedir a gestão adequada dos recursos naturais e reduzir a sua produção, agravando assim a escassez e intensificando a competição e o conflito. Quando os indivíduos e as comunidades se esforçam por garantir os seus direitos de acesso aos recursos naturais, a concorrência resultante da desproporção entre a oferta e a procura conduz a conflitos sobre os recursos. No entanto, tal como observado por (De Koning et al, 2008), o estudo estabeleceu que, para além dos recursos, existem outros interesses, muitas vezes intangíveis, ligados a um conflito, que neste caso incluem o direito de participação na gestão florestal.

g) Conflitos entre o KFS e os pastores sobre o pastoreio

Durante as discussões dos grupos de foco realizadas em Kiambogo, Eburu e Kongasis, foram levantadas as seguintes queixas relacionadas com o pastoreio na floresta

- As árvores foram plantadas nas zonas de pastagem preferidas, ou seja, em áreas abertas nos limites da floresta, obrigando os habitantes locais a conduzir os animais para o interior da floresta, o que os expõe à predação por animais selvagens. As longas distâncias percorridas reduzem a produtividade das vacas em lactação (a produção de leite diminui).

- O guarda florestal supervisiona diretamente o pastoreio sem trabalhar em estreita colaboração com o CFA/Grupo de Utilizadores do Pastoreio. Foi indicado que as licenças de pastoreio são emitidas a qualquer membro da comunidade, independentemente de ser membro da CFA. Este facto funciona como um desincentivo à adesão à CFA. De acordo com a Lei Florestal de 2005, os direitos de utilizador, incluindo o pastoreio, são concedidos à comunidade no âmbito da estrutura da CFA. Além disso, foi observado nas entrevistas que, devido à ausência de um sistema para identificar animais genuínos para a comunidade adjacente à floresta, grandes rebanhos de gado de áreas distantes (até Bisil e Gilgil) são trazidos para pastar dentro da floresta disfarçados de propriedade local, o que cria concorrência. Os habitantes locais que pagam a taxa mensal de pastagem de Ksh.120.00 lamentam que as manadas estrangeiras tenham esgotado o pasto devido ao excesso de gado.

- O "cut and carry" foi proibido sem consulta, mas permite que os agricultores tenham zero animais de pasto.

- Os portões de acesso estão muito afastados uns dos outros, a uma distância média de 8 km (3 horas a pé), o que é agravado pelo terreno acidentado e montanhoso. As longas distâncias percorridas de e para a floresta tornam extenuante o pastoreio e a recolha de lenha. A proibição do uso de burros para transportar lenha dentro da floresta torna mais difícil a tarefa de transportar lenha, principalmente para as mulheres. Os pastores também têm queixas no que diz respeito à localização dos portões em relação ao pasto e à água. Sentiu-se que as preferências de pastoreio, no que diz respeito às fontes de bom pasto e água, não foram tidas em conta na localização dos portões. Citaram o viveiro Mukuru ya, que tem muito pasto e água, mas não tem nenhum portão por perto. A pastagem e o padrão de movimento, essenciais para os pastores, não foram considerados.

- A taxa de pastagem de Ksh.120 por mês por animal é elevada para a maioria dos membros da comunidade.

- Os pastores consideram que o pagamento mensal das taxas de pastagem à KFS é entediante e consome muito tempo, dado o seu modo de vida nómada. Pedem flexibilidade, para que possam pagar com um intervalo de dois ou três meses.

- Durante a sensibilização para a construção da vedação, foi feita uma falsa promessa aos pastores de que, assim que a vedação fosse estabelecida, seriam disponibilizados portões de acesso suficientes e o pasto seria gratuito.
- Houve queixas de que os trabalhadores temporários envolvidos na construção e manutenção das vedações se inclinam apenas para uma comunidade étnica. A comunidade Maasai sentiu-se alienada.

As conclusões do estudo estão de acordo com (Lewis, 1996), cujo estudo sobre a gestão de conflitos em áreas protegidas observa que as áreas protegidas parecem proporcionar a maior parte dos benefícios à nação em geral, ou a todo o planeta, mas a maior parte dessas áreas representa um custo líquido para as pessoas que vivem nelas e à sua volta, quer em termos de diminuição do acesso aos recursos, quer em termos de danos nas colheitas provocados por animais selvagens, quer ainda em termos do custo de oportunidade de utilizar esse habitat para outro fim. Afirma ainda que a questão da distribuição dos custos e benefícios é fundamental para ajudar a resolver os conflitos nas áreas protegidas.

Objectivos incompatíveis estão subjacentes aos diferentes tipos de conflitos de utilização de recursos identificados neste estudo, o que é consistente com o modelo de conflito (Barnes, 2005). A principal incompatibilidade é o desejo e a pressão da comunidade local para manter o direito de aceder e beneficiar dos recursos florestais contra a abordagem protecionista dos governos centrais de salvaguardar as florestas através da alienação da comunidade.

5.1.4 Localização das actividades que contribuem para os conflitos de utilização dos recursos florestais, e se existe um padrão

A maioria dos inquiridos (74,50%) indicou que as actividades que contribuem para os conflitos de utilização dos recursos florestais ocorrem no interior da floresta, enquanto 20,60% referiram que ocorrem fora da floresta.

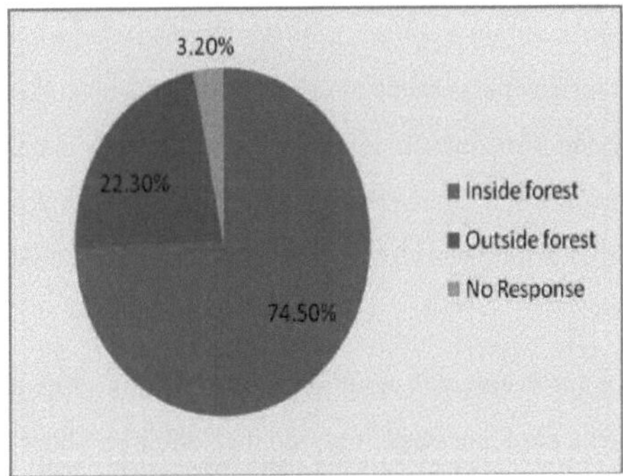

Fonte: Investigador, 2015

Figura 6: Localização das actividades que contribuem para os conflitos de utilização dos

recursos

Quanto ao facto de os conflitos de utilização dos recursos terem um padrão, as entrevistas indicaram que a maioria dos conflitos ocorre durante a estação seca. Este facto pode estar associado à concorrência resultante da escassez de pasto e de recursos hídricos.

5.1.5 Formas como os conflitos afectam a gestão/manifestação florestal

A figura 7a mostra a opinião dos inquiridos sobre o modo como os conflitos de utilização dos recursos florestais afectaram a gestão florestal

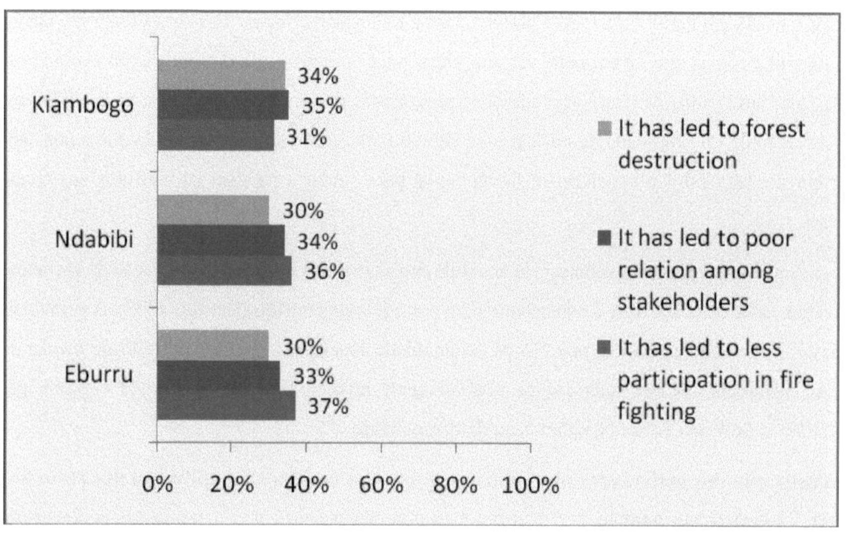

Fonte: Investigador, 2015

Figura 7a: Formas como os conflitos de utilização dos recursos florestais afectam a gestão/manifestação florestal

Revela que os conflitos de utilização dos recursos influenciaram a conservação das florestas de forma diferente nos três locais de estudo. As três principais formas pelas quais os conflitos de utilização dos recursos florestais influenciaram negativamente a gestão florestal são: levou à destruição da floresta, levou a uma má relação entre os intervenientes e levou a uma menor participação no combate aos incêndios. As manifestações apresentaram-se de forma diferente entre os três grupos de recolha de dados.

A destruição das florestas e as más relações entre os intervenientes resultantes de conflitos sobre a utilização dos recursos florestais foram mais frequentes em Kiambogo, seguido de Ndabibi e Eburu, por esta ordem. A menor participação em acções de combate a incêndios resultantes de conflitos de utilização dos recursos florestais foi maior em Eburu (37%), seguida de Ndabibi (36%) e Kiambogo

(31%).

Os resultados são consistentes com (Ochieng-Odhiambo, 2000) que ilustrou que, num conflito sobre a utilização de recursos naturais, as partes em conflito acabam frequentemente por contradizer, comprometer ou mesmo derrotar os interesses da outra parte na prossecução dos seus próprios interesses. A aprovação ou participação ativa na destruição da floresta ou a recusa em participar no combate aos incêndios por parte de alguns membros da comunidade pode ser vista como uma tentativa de derrotar os esforços de conservação do governo devido à incapacidade ou relutância do governo em negociar e resolver as queixas das comunidades.

5.2 Factores que contribuem para os conflitos de utilização dos recursos florestais

5.2.1 Política e legislação florestal

O estudo analisou a Política Florestal de 1968, o Plano Diretor de Silvicultura do Quénia de 1994 e a Lei das Florestas de 2005. A análise baseou-se no entendimento de que a política e a legislação são instrumentos-chave de governação com imensa capacidade de causar ou difundir conflitos sobre a utilização dos recursos florestais.

a) Política florestal de 1968: Uma política florestal estreita e restritiva que regeu formalmente o sector florestal. A Política Florestal desactualizada tem sido controversa no que se refere aos poderes conferidos ao Ministro para desclassificar reservas florestais sem consulta. A participação da comunidade sob a forma de GFP não foi incentivada nem explícita. A Política Florestal também foi restritiva em termos de novas abordagens de gestão e estratégias de parceria e expansão para novas áreas que actuaram como incentivos para conflitos de utilização dos recursos florestais.

O Plano Diretor Florestal do Quénia (KFMP), elaborado em 1994, continua a ser considerado como a análise mais fidedigna do sector florestal e o projeto relevante para o sector atualmente. Na altura, apelava a uma revisão institucional para gerir os recursos florestais de forma mais eficaz, mas, devido à inércia política e à fraca governação, as questões identificadas no plano não foram adequadamente abordadas. Essas questões continuam a ser pertinentes hoje em dia e reflectem-se no projeto de política florestal (Sessional Paper 1, 2007) e na *Lei das Florestas de 2005.* O projeto de política florestal prevê um quadro global para o desenvolvimento da silvicultura no país durante o período de 25 anos até 2020. Reconhece o papel ambiental das florestas, incluindo os valores hídricos, os valores da biodiversidade, os valores das alterações climáticas através do sequestro de carbono e outros serviços ambientais.

A revisão política em curso gerou, no entanto, um projeto avançado de política florestal (Política Florestal 2014), cujas principais caraterísticas são:

- A integração da conservação e da gestão das florestas nos sistemas nacionais de utilização dos solos.

- A clara divisão de responsabilidades entre as instituições do sector público: através do Ministério responsável pela silvicultura, que desempenha um papel de supervisão na formulação da política florestal nacional e na função reguladora do sector, permitindo assim que o KFS se concentre na gestão das florestas em terras públicas, e o papel dos governos dos condados na execução dos programas florestais nacionais e dos condados, incluindo a prestação de serviços de extensão florestal às comunidades, aos agricultores e aos proprietários de terras privadas.

- A devolução da conservação e da gestão das florestas comunitárias, a aplicação das políticas e estratégias florestais nacionais ao governo do condado e o aprofundamento da participação da comunidade nas florestas através do reforço das associações florestais comunitárias e da introdução de acordos de partilha de benefícios.

- A preparação de uma estratégia nacional para aumentar e manter o coberto florestal e arbóreo em pelo menos 10% da superfície terrestre total e para a reabilitação e recuperação de ecossistemas florestais degradados, bem como a criação de um sistema nacional de controlo dos recursos florestais. Será publicado regularmente um relatório sobre *o estado das florestas*.

- A adoção de uma abordagem ecossistémica para a gestão das florestas e o reconhecimento dos direitos consuetudinários e dos direitos dos utilizadores para apoiar a gestão e a conservação sustentáveis das florestas

- A criação de programas nacionais de apoio à gestão comunitária das florestas e à florestação/reflorestação em terras comunitárias e privadas.

- A preparação de normas nacionais para a gestão e utilização das florestas e o desenvolvimento de códigos de conduta para as associações profissionais de silvicultura.

b) O estudo analisou a Lei Florestal de 2005 e também a submeteu a um debate durante as entrevistas com informantes-chave. As questões-chave que se seguem foram apontadas como principais pontos fracos da lei, que contribuem para os conflitos sobre a utilização dos recursos não só em Eburu mas também noutras zonas florestais;

- Inexistência de um mecanismo de financiamento para apoiar a implementação da GFP

✓ A lei prevê a criação de CFAs, mas não cria mecanismos de financiamento para facilitar o seu funcionamento.

✓ A lei vincula o envolvimento da comunidade com o KFS na gestão co-florestal à existência de um Plano de Gestão Florestal participativo, cujo financiamento não prevê.

- Não prevê um mecanismo de partilha de benefícios entre as partes interessadas. A comunidade, através da CFA, tem a responsabilidade de apoiar a KFS na conservação das florestas, mas não há benefícios tangíveis. Os direitos de utilização previstos na lei são utilizações tradicionais consuetudinárias a que as comunidades tinham direito desde tempos imemoriais.

- As coimas e as sanções são demasiado brandas, pelo que não constituem um forte elemento dissuasor das actividades ilegais.

- Não existe uma separação clara de funções. Atualmente, a KFS é simultaneamente reguladora e gestora/executora

- Os incentivos (fiscais, entre outros) para a participação do sector privado, que teriam aumentado o investimento na silvicultura, são mínimos, uma vez que a promoção de investimentos baseados na floresta é, em si mesma, uma estratégia de gestão de conflitos.

As constatações do estudo de que as inadequações da Lei das Florestas de 2005 e da política se contam entre os factores que contribuem para os conflitos sobre a utilização dos recursos florestais em Eburu são ampliadas por (Koziell e Saunders, 2001), que apela à necessidade de integrar a política florestal e de biodiversidade no quadro mais vasto da política de utilização dos solos, com destaque para as opções vantajosas para ambas as partes, acrescentando que o equilíbrio entre os objectivos de biodiversidade e de subsistência é geralmente mais bem conseguido ao nível da paisagem. A autora identifica igualmente a necessidade de a legislação florestal garantir os direitos e responsabilidades locais, de modo a que os interessados possam ser simultaneamente administradores efectivos da biodiversidade e satisfazer as suas necessidades de subsistência. Além disso, (Pimbert e Pretty, 1995) indica que as medidas de proteção da biodiversidade, que são impostas, tendem a falhar no final quando a pobreza não é abordada, porque são minadas tanto pelas exigências de subsistência como pelas fracas capacidades institucionais dos grupos pobres, e conclui que o sucesso da conservação da biodiversidade depende, portanto, da redução da pobreza. Os resultados deste estudo estão de acordo com esta conclusão, especificamente no que se refere à identificação da elevada dependência dos recursos florestais para a subsistência, associada à pobreza, como um dos factores que contribuem para os conflitos de utilização dos recursos florestais.

5.2.2 Estruturas institucionais

O estudo investigou a capacidade da KFS na Estação Florestal de Eburu, do Comité de Conservação Florestal de Mau, do Comité de Gestão Florestal e da Associação Florestal Comunitária de Eburu (ECOFA). De acordo com a Lei das Florestas de 2005, a floresta de Eburu é gerida ao abrigo do regime de Gestão Participativa das Florestas (GFP), em que o KFS e a comunidade, através da CFA (ECOFA), são os principais parceiros. As estruturas acima referidas desempenham um papel na gestão dos conflitos relativos à utilização dos recursos florestais em Eburu.

a) KFS, estação florestal de Eburu

O estudo procurou estabelecer as lacunas de capacidade prioritárias e os desafios enfrentados pela Estação Florestal de Eburu. De acordo com os inquiridos (n=155), os principais desafios que limitam a gestão eficaz da floresta de Eburu (quadro 6) são a falta de acessibilidade (26%), a corrupção (20%), a falta de equipamento (14%), a má relação com a comunidade (10%) e o número reduzido de funcionários (11%). A insuficiência de fundos e de formação foi também indicada como preocupante e requer uma solução.

A floresta tem desafios em termos de infra-estruturas. As acessibilidades no interior da floresta são fracas. O alojamento do pessoal é outro desafio crítico. O guarda florestal e a maioria dos guardas florestais residem fora da floresta. No entanto, registou-se uma grande melhoria com a criação de três postos avançados (Ole sirwa, torre de incêndio e estação principal de Eburu). No que diz respeito à corrupção, as entrevistas com a comunidade e outras partes interessadas indicaram que alguns funcionários, em conluio com traficantes, se dedicam a actividades ilegais (comércio de carvão vegetal, postes e madeira (quadro 15) para gerar rendimentos.

O equipamento e a logística no terreno são essenciais para que os agentes desempenhem efetivamente as suas funções. Entre o equipamento e as instalações que são urgentemente necessários incluem-se veículos de campo, armas de fogo, equipamento de comunicação e alojamento. Aquando da recolha de dados, a esquadra dispunha de um veículo, o que representa uma grande melhoria em comparação com os anos anteriores, em que não dispunha de nenhum. O alojamento do pessoal foi apontado pelos entrevistados como um desafio crítico. A maioria dos funcionários reside em centros urbanos fora da floresta (Eburu, Ndabibi e Kiambogo), a cerca de quatro quilómetros de distância da floresta, o que compromete uma resposta rápida em caso de emergência. O desafio da escassez de pessoal foi confirmado pelo guarda florestal que indicou que as tarefas essenciais, tais como a patrulha da floresta, a manutenção dos portões de acesso e outras funções de aplicação da lei, eram limitadas. A floresta tinha um total de onze guardas florestais na altura da recolha de dados. Com uma área total de 8.715ha, dividida em 5 batidas/unidades de gestão, a floresta necessita de aproximadamente vinte e sete guardas florestais (cinco por batida e dois para a realização de tarefas administrativas). O estudo constatou que todos os guardas florestais e o guarda florestal ainda não tinham recebido formação em GFP.

Tabela 9: Lacunas de capacidade da KFS na estação florestal de Eburu

Lacunas de capacidade	Percentagem
Estradas de acesso deficientes	26%
Corrupção	20%

Falta de equipamento (veículos, armas, casas, chamadas de rádio)	14%
Pouco pessoal	11%
Má relação com a comunidade	10%
Formação	8%
Fundos inadequados	8%
Sem resposta	3%

Fonte: Investigador, 2015

b) Comité de Conservação da Floresta de Mau

O estudo avaliou o desempenho e a eficácia da FCC de Mau tendo em conta as suas funções e contribuição em relação aos conflitos sobre a utilização dos recursos florestais em Eburu. A maioria dos membros da comunidade entrevistados (90,3%) não sabia o que era a FCC de Mau (fig. 7b). Apenas 9,7% dos entrevistados estavam familiarizados com as suas funções. Nenhum dos membros da comunidade entrevistados conhecia os quatro representantes da comunidade, selecionados de entre as CFAs na área de conservação de Mau para representar os interesses da comunidade na FCC.

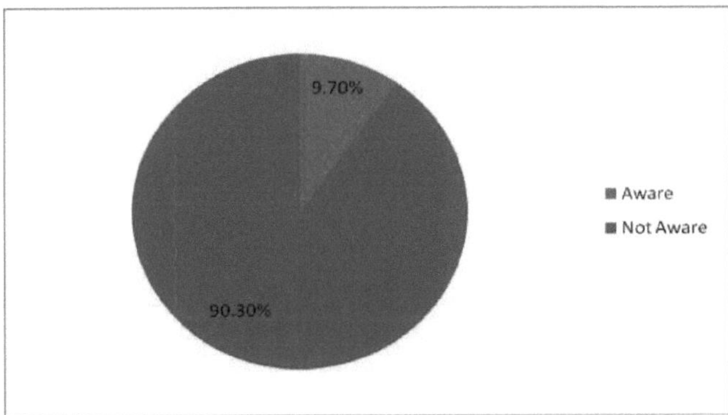

Fonte: Investigador, 2015

Figura 7b: Conhecimento do Comité de Conservação das Florestas.

c) Comité de Gestão do Nível Florestal (CGLF)

Em consonância com o espírito de descentralização, a Lei das Florestas de 2005 prevê estruturas de governação a nível nacional e florestal para uma melhor tomada de decisões. Ao nível da estação florestal, as Regras das Florestas (Participação na Gestão Sustentável das Florestas) de 2009 (cláusula 46) prevêem o estabelecimento do Comité de Gestão ao Nível da Floresta, cujo objetivo é ajudar a associação florestal (CFA) na implementação do acordo de gestão florestal comunitária. O estudo estabeleceu que o acordo aqui referido é um instrumento juridicamente vinculativo destinado a reger a KFS e a comunidade na implementação do Plano de Gestão Florestal Participativa (PFMP). A

Cláusula 35 (1) da Lei das Florestas de 2005 exige que cada floresta estatal, floresta de autoridade local e floresta provisória seja gerida de acordo com um plano de gestão que cumpra os requisitos prescritos pelas regras estabelecidas ao abrigo da mesma. De acordo com as regras acima referidas, a composição do comité é constituída por representantes do serviço, representantes da associação florestal e outras partes interessadas da zona.

O estudo estabeleceu que este órgão crítico da GFP (FLMC) não estava a funcionar.

d) Associação Florestal Comunitária de Eburu

O estudo avaliou a situação da CFA com base no entendimento de que, dado o seu papel central na cogestão da floresta com a KFS, a sua capacidade ou a falta dela contribuiria para os conflitos de utilização dos recursos florestais.

Filiação

Tal como indicado na Fig.8, a maioria dos inquiridos (58,40%) não eram membros da CFA, enquanto apenas 41,60% eram membros (n=155).

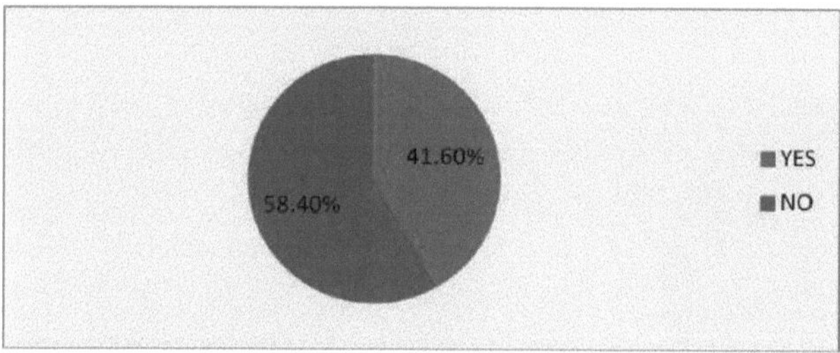

Fonte: Investigador, 2015

Figura 8: Membros da CFA de Eburu

Por regiões (fig. 9), Ndabibi tinha uma maioria de entrevistados que eram membros da CFA (36%). Entre os inquiridos em Kiambogo, os membros e os não membros da CFA estavam em igual proporção. A maioria dos inquiridos em Eburu (39%) não era membro da CFA. No entanto, a região de Eburu tinha proporcionalmente mais inquiridos membros do CFA.

A presença do gabinete do guarda florestal em Eburu e a ocorrência de mais actividades da CFA em Eburu podem explicar o número proporcionalmente maior de membros da CFA em Eburu. É através da CFA que a comunidade é sensibilizada para os valores da conservação.

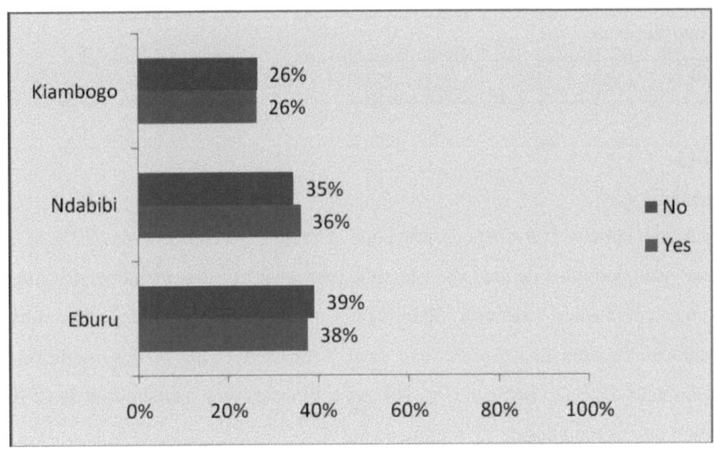

Fonte: Investigador, 2015

Figura 9: Membros da Eburu CFA por região

De acordo com os resultados (Fig. 9), apenas cerca de metade dos entrevistados nos locais de estudo eram membros da ECOFA. Porém, de acordo com a Lei de Florestas de 2005, a CFA é a estrutura oficial da comunidade com a qual o KFS se envolve para conservar as florestas de acordo com a GFP e concede direitos de usuário para acesso regulamentado a produtos e serviços florestais. Dos resultados, deduz-se que 50% da comunidade que não são membros da CFA não beneficiam dos direitos de utilizador ou fazem-no ilegalmente. Das entrevistas com a comunidade e o guarda florestal, o estudo estabeleceu que o acesso aos produtos e serviços florestais está aberto tanto para os membros da CFA como para os não-membros da CFA, desde que a taxa exigida seja paga.

Os inquiridos apresentaram várias razões para não aderirem à CEDEAO (Quadro 7). A maioria dos inquiridos indicou a falta de sensibilização (24,8%), o "desinteresse" (16,2%) e o desconhecimento das vantagens (14,5%) como principais razões para não aderir à CEDEAO.

Quadro 10: Motivo para não aderir à CFA

Motivo	Percentagem
Saúde precária	3.9
Falta de sensibilização para a necessidade de aderir	24.8
Falta de tempo	4.5
Não estou interessado	16.2
Só os instruídos podiam aderir	9.0
Não tem conhecimento dos seus benefícios	14.5

Não me foi dada uma oportunidade	12.7
Sou um guarda florestal	4.5
Sem resposta	9.9

Fonte: Investigador, 2015

CFA Governação e gestão

As entrevistas revelaram que, entre os principais desafios que afectam o desempenho da CEDEAO, incluía-se a falta de uma visão comum e de uma compreensão partilhada entre os membros das suas funções. De acordo com as conclusões, a maioria (60,60%) dos membros da comunidade não tinha conhecimento da existência de uma constituição que rege a ECOFA. 34,80% dos inquiridos confirmaram ter conhecimento da sua existência, (fig. 10). As entrevistas com os membros da CFA e outros actores indicaram que as reuniões da CFA eram ad hoc.

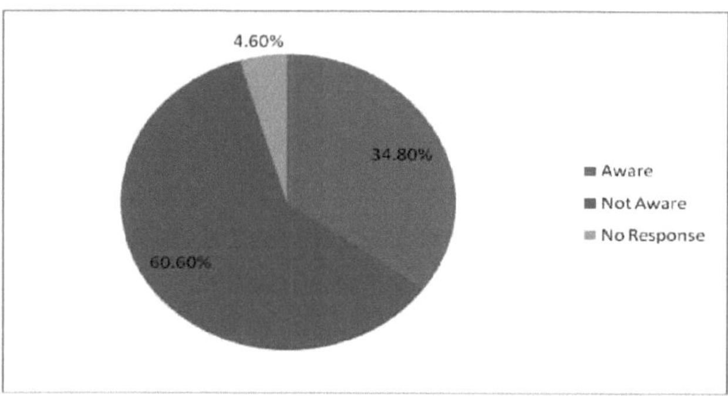

Source: Researcher, 2015

Figura 10: Governação da CFA, conhecimento da existência de uma constituição

Dos resultados, apenas 20% dos inquiridos tinham informações corretas sobre a data de eleição dos titulares de cargos. As entrevistas com os funcionários da CFA e o guarda florestal revelaram que as eleições foram realizadas em dezembro de 2012. Também foi estabelecido que, apesar de a CFA ter 26 grupos de utilizadores com cerca de 25 membros cada, não havia estatutos para orientar e governar as operações dos membros. O estudo constatou que a zonagem da floresta, em que secções específicas da floresta são delineadas (claramente mapeadas e marcadas) e designadas para os respectivos fins de gestão, não tinha sido feita de forma adequada. Os entrevistados indicaram que isto contribuiu para confrontos entre utilizadores com interesses contraditórios.

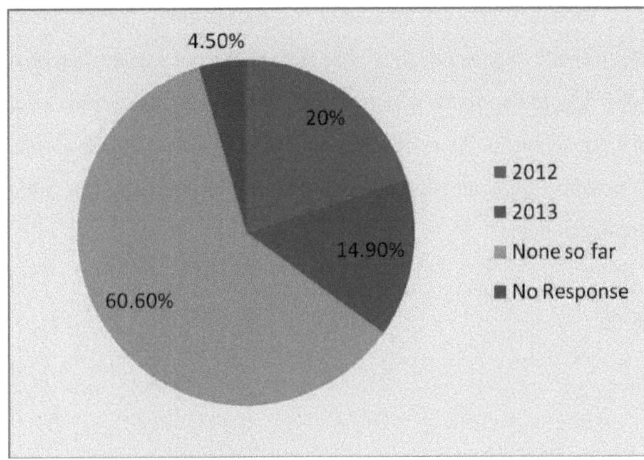

Fonte: Pesquisador, 2015.

Figura 11: Familiaridade dos membros da comunidade com as eleições da CFA

A familiaridade da comunidade com o papel da CFA

O estudo investigou o conhecimento da comunidade sobre o papel da ECOFA. Os resultados (fig. 12) indicam que a plantação de árvores (27%) e o combate a incêndios (21%) são o que a comunidade considera ser o principal papel da ECOFA. Reunir a comunidade em assuntos relacionados com a conservação da floresta (16%) e representar a comunidade na gestão da floresta (5%) foram vistos como os papéis menos importantes.

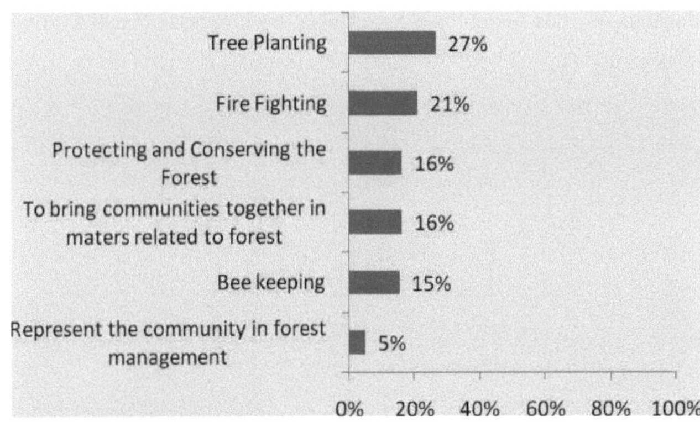

Fonte: Investigador, 2015

Figura 12: Papel da Associação Florestal Comunitária de Eburu (ECOFA)

Áreas de fraqueza do CFA

Reconhecendo o facto de que a CFA é uma das estruturas críticas de GFP, o estudo analisou as razões que tornam a CFA menos eficaz no desempenho do seu papel, contribuindo assim para os conflitos de utilização dos recursos florestais. A corrupção (38%) (Figura 13) seguida da falta de recursos (37%) foram apontadas como as principais razões. Outras razões apontadas foram os desacordos sobre o processo eleitoral (12%), a má relação com a comunidade (7%) e a informação inadequada (6%). No que diz respeito à corrupção, o estudo constatou, através de entrevistas, que alguns membros da ECOFA se dedicam a actividades ilegais depois de terem obtido autorização de entrada para realizar trabalhos relacionados com a conservação. As entrevistas com o guarda florestal revelaram que a recolha de lenha foi suspensa porque alguns membros da comunidade estavam a usá-la como fachada para se envolverem em actividades ilegais.

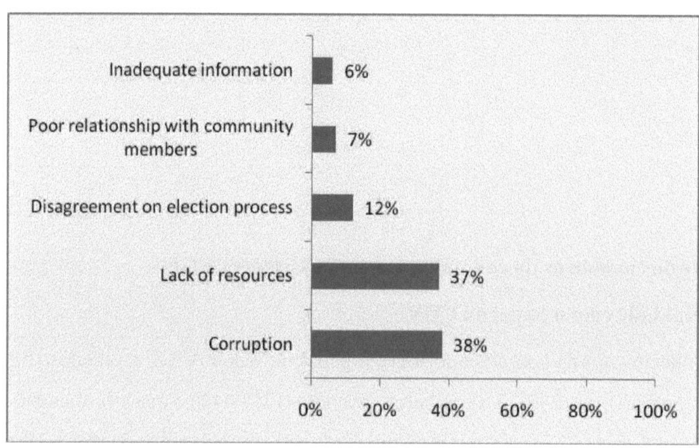

Fonte: Pesquisador, 2015.

Figura 13: Pontos fracos percebidos pela ECOFA

Fonte de financiamento da CFA

Os doadores/benfeitores, as contribuições dos membros e as receitas das empresas constituem os principais fluxos de receitas do CFA (fig. 14).

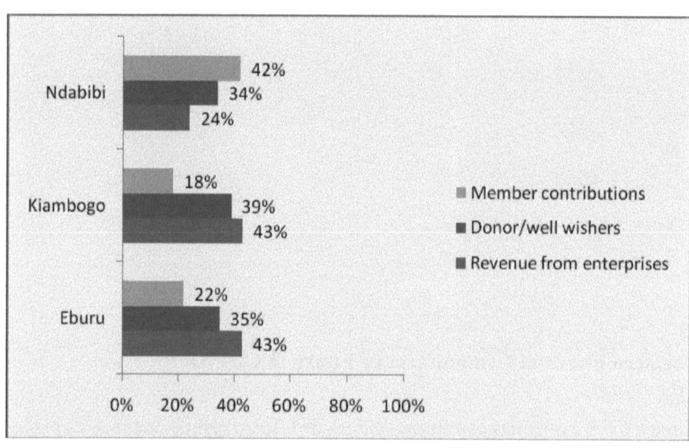

Fonte: Pesquisador, 2015.

Figura 14: Principais fontes de rendimento das ECOFAs

A contribuição dos membros (42%) foi considerada como o maior fluxo de receitas em Ndabibi, seguida de Eburu (22%). As receitas das empresas foram consideradas como constituindo uma contribuição mais elevada (43%) das receitas da CFA em Eburu e Kiambogo. As receitas provenientes de doadores e simpatizantes foram classificadas em segundo lugar nas três regiões.

5.2.3 Queixas e expectativas não satisfeitas dos membros da ECOFA

Quadro 11: Razões para aderir à CEDEAO

Motivo	**Percentagem válida**
Reabilitação florestal através da plantação de árvores	10.5
Obter produtos florestais para fins de rendimento	19.7
Fazer parte de uma equipa de conservação	20.7
Para proteger a floresta de Eburu	5.2
Ser autorizado a manter colmeias na floresta	5.2
Sem resposta	5.2
Para aceder à floresta e dela beneficiar	33.5
Total	**100**

Fonte: Investigador, 2015

O estudo examinou as principais razões pelas quais os membros da comunidade aderiram à ECOFA. O quadro 11 indica que as principais razões foram o acesso e os benefícios da floresta (33,5%), fazer parte da equipa de conservação (20,7%) e obter produtos florestais para rendimento (19,7%). As entrevistas com os membros da ECOFA revelaram que eles estão insatisfeitos com os benefícios que lhes advêm da participação na GFP. Para além de os benefícios serem insignificantes, estão igualmente disponíveis para os não membros da CFA.

O pastoreio foi apontado como uma das principais queixas (outras queixas são detalhadas no ponto 5.1.3). Os pastores consideram demasiado elevada a taxa de pastagem de Ksh.120,00 por mês por animal. A maioria dos pastores que não conseguem angariar esta quantia pastam ilegalmente, tendo sido relatados casos de vandalismo da vedação eléctrica que está em construção em Oldonyo puru. Os entrevistados da comunidade pastoril notaram casos de corrupção em que os pastores de áreas distantes (até Bisil e Gilgil) conspiram com membros da comunidade adjacente à floresta e conduzem grandes manadas de animais para pastar dentro da floresta disfarçados de animais locais. O estudo revelou que os habitantes locais recebem uma taxa para acolher as grandes manadas. Este facto foi identificado como uma das principais fontes de conflito entre os pastores da zona, uma vez que as grandes manadas estrangeiras competem pelos escassos recursos de pastagem com as manadas locais. Devido a este facto, os pastores locais lamentam a escassez de pasto, mesmo depois de pagarem a taxa mensal de pastagem exigida.

As entrevistas com os pastores revelaram que estes estavam preocupados com a vedação eléctrica da floresta de Eburu. Os portões de acesso são considerados poucos e distantes uns dos outros, e a decisão sobre a sua localização não foi objeto de consulta, o que interfere com o padrão de pastoreio e o acesso à água há muito estabelecidos. Em toda a extensão do limite da floresta existem sete (7) portões. O número de portões de acesso é reduzido (Rhino Ark, 2012). A KFS, estação florestal de Eburu, não dispõe de pessoal adequado ou de guardas florestais para vigiar os portões. Apenas cinco portões (Eburu, Morop, Ole sirwa, Kahuho e Fire tower) estavam operacionais aquando da recolha de dados.

5.2.4 Interesses contraditórios das partes interessadas e utilizações incompatíveis

a) Conflito de interesses entre as partes interessadas

A Lei das Florestas de 2005 prevê controlos e equilíbrios sob a forma de direitos de utilização para as CFA, a fim de melhorar a utilização sustentável da floresta e minimizar os conflitos. O carvão vegetal, a madeira e os postes para construção não fazem parte dos direitos de utilização concedidos às CFAs numa floresta indígena como a de Eburu. O estudo estabeleceu, porém, que esses produtos são obtidos da floresta. Tal como indicado no quadro 12, em que 10% dos inquiridos indicaram que o carvão vegetal é um dos produtos florestais provenientes de Eburu, bem como a madeira (5%) e os postes (3%). A existência destas actividades, apesar de serem ilegais, aponta para o valor que os comerciantes destes produtos atribuem à floresta, o que constitui um conflito de interesses.

Quadro 12: Produtos florestais provenientes da floresta de Eburu

Produto	Frequência	Percentagem
Mel	37	8%
Lenha	64	14%
Carvão vegetal	48	10%
Medicamentos à base de plantas	30	7%
Plântulas/selvagens	47	10%
Relva	23	5%
Madeira	23	5%
Postes	15	3%

Fonte: Investigador, 2015

b) Usos incompatíveis

O quadro 13 apresenta as opiniões dos inquiridos, por região, sobre a existência de actividades florestais incompatíveis/conflituosas.

Quadro 13: Existência de utilizações incompatíveis

Área	Sim	Não	Sem resposta	Total
Eburu	33	25	2	60
Ndabibi	29	22	4	55
Kiambogo	20	18	2	40
Total	82	65	8	155

Fonte: Investigador, 2015

As actividades incompatíveis identificadas na floresta de Eburu foram

- Produção de mel e produção de carvão vegetal
- Produção de energia geotérmica e povoamento humano
- Apicultura e pastoreio
- Vedação e pastoreio/recolha de lenha
- Ecoturismo e produção de carvão vegetal
- Apicultura e colheita de postes
- Reflorestação e pastoreio

A vedação foi listada entre as actividades incompatíveis relacionadas com o pastoreio e a recolha de lenha, provavelmente devido à perceção de poucos portões de acesso, à falta de consenso sobre onde os localizar e à escassez de guardas florestais. O número insuficiente de guardas florestais torna alguns portões inutilizáveis, uma vez que apenas os portões com pessoal estão autorizados a ser utilizados.

5.2.5 Participação na tomada de decisões e na execução da conservação das florestas

No âmbito do mecanismo de GFP, a participação da comunidade na gestão florestal é estruturada com o Plano de Gestão Florestal Participativa (PFMP) e o Acordo de Gestão Florestal (FMA) como principais instrumentos de participação. O estudo constatou que os dois documentos existem, embora o período de implementação do PFMP de Eburu tenha expirado (2009-2013). Os dois são os principais documentos que orientam o envolvimento da comunidade (juntamente com outras partes interessadas) com o KFS na cogestão da floresta. Embora o PFMP identifique claramente os papéis dos respectivos atores e um plano de ação para orientar o engajamento participativo, constatou-se que a maioria das atividades e programas detalhados no plano ainda não foi implementada. A maioria dos inquiridos (89,70%) indicou que está envolvida na gestão da floresta de Eburu, enquanto 10,30% indicaram que não estavam envolvidos (fig. 15). Além disso, 71% dos inquiridos indicaram que tinham conhecimento do PFMP, enquanto 29% não o conheciam (fig. 16). No entanto, é preocupante que o envolvimento em actividades de conservação, tais como o combate a incêndios e a plantação de árvores, não satisfaça a necessidade de uma participação efectiva na tomada de decisões.

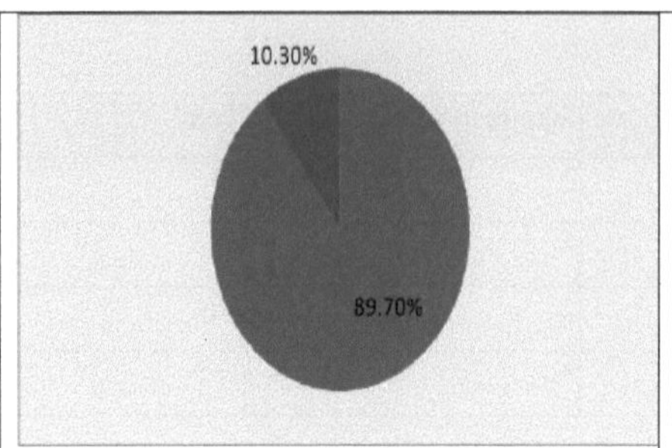

Figure 15: Community involvement in management of Eburu Forest.

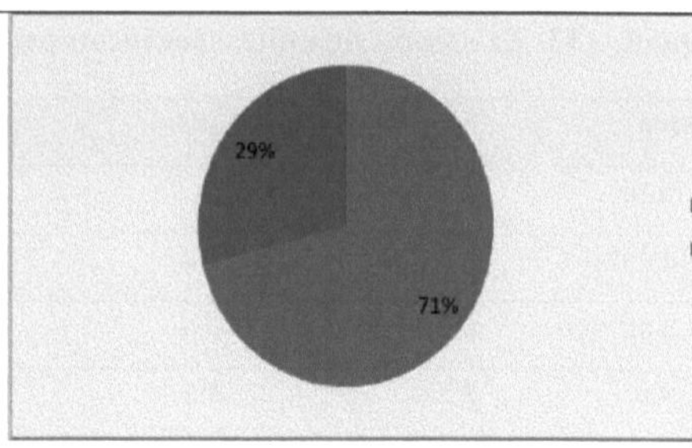

Figure 16: Community Awareness of Eburu Forest PFMP.

Fonte: Investigador, 2015

As discussões em grupos de foco e as entrevistas com informantes-chave indicaram que o envolvimento da comunidade estava no nível mais baixo de envolvimento no que diz respeito à contribuição para as actividades de campo. Faltava uma participação significativa no processo de tomada de decisões. Isto talvez explique porque é que a plantação de árvores, o combate a incêndios e a apicultura foram altamente classificados pela maioria da comunidade no que diz respeito ao que eles consideravam ser o papel da CFA (fig. 12). Foram registados os seguintes casos que indicam um envolvimento inadequado da comunidade na tomada de decisões:

- Recolha de lenha, o gestor florestal suspendeu unilateralmente a emissão de licenças de recolha de lenha sem consultar a comunidade para chegar a uma solução mutuamente acordada.

- A CFA sente-se alheia às decisões de regulamentação do pastoreio, uma vez que não é consultada pela floresta, embora exista um grupo de utilizadores do pastoreio. O grupo de utilizadores (parte da ECOFA) recomenda que sejam estabelecidas diretrizes para regular o acesso ao pasto como estratégia de gestão de conflitos. O grupo era de opinião que o KFS deveria trabalhar com o grupo de utilizadores na emissão de licenças mensais de pastagem. Durante o período do estudo, os oficiais do KFS na estação emitiam licenças de pastagem igualmente para membros da CFA e não membros da CFA. Descobriu-se que esse arranjo desencorajava os membros de aderir à CFA e alimentava os conflitos entre os pecuaristas.

- Imposição de proibições (pastoreio e recolha de lenha) pelo KFS em 2013 sem consultar a comunidade

- Concessão à KenGen de uma licença para instalar uma central de produção de energia geotérmica no interior da floresta, mas perto de uma povoação comunitária em Eburu, sem ter em devida conta as preocupações socioeconómicas, de saúde humana e de segurança da comunidade. A central eléctrica foi considerada uma fonte de conflito entre a KenGen e a comunidade de Eburu, tendo-se assistido a manifestações em 2014.

Com o entendimento de que o PFMP era instrumental para orientar e aumentar a participação comunitária, o estudo procurou descobrir as razões pelas quais não tinha sido implementado. A gestão deficiente, a falta de fundos e a sensibilização inadequada (Tabela 14) foram apontadas como as principais razões que limitam a implementação do PFMP.

Quadro 14: Principais desafios que impedem a implementação do PFMP de Eburu

Região	Má gestão	Falta de fundos	Sensibilização inadequada
Eburu	40%	40%	20%
Ndabibi	33%	27%	39%
Kiambogo	39%	29%	32%

Fonte: Investigador, 2015

5.2.6 Partilha de benefícios

Uma análise da Lei das Florestas de 2005 (cláusula 47, 2) revelou que esta concede à comunidade uma série de direitos de utilizador a que se pode aceder sendo membro de uma CFA. Os direitos de utilizador são:

- Recolha de ervas medicinais;
- Colheita do mel;
- Colheita de madeira ou de lenha;
- Colheita de erva e pastoreio;
- Recolha de produtos florestais para indústrias de base comunitária;
- Ecoturismo e actividades recreativas;
- Actividades científicas e educativas;
- Estabelecimento de plantações através de cultivo por não-residentes;
- Contratos de assistência para a realização de operações silvícolas específicas;
- Desenvolvimento de indústrias comunitárias baseadas na madeira e em produtos florestais não lenhosos; e
- Outros benefícios que possam ser acordados ocasionalmente entre uma associação e o Serviço:

Um Acordo de Gestão Florestal, através de um processo de negociação entre a KFS e uma CFA, é o instrumento juridicamente vinculativo que concede a uma CFA os direitos de utilização específicos de entre a gama de direitos de utilização possíveis enumerados na Lei das Florestas de 2005.

Nas entrevistas, foi indicado que os direitos de utilização concedidos são demasiado limitados e constituem direitos tradicionais consuetudinários de que a comunidade tem usufruído desde tempos imemoriais. Observou-se que a Lei deve ser revista e que deve ser incorporado um mecanismo adequado de partilha de benefícios, que equilibre as necessidades de conservação e os interesses de subsistência da comunidade local. A Tabela 12 indica os produtos acedidos da floresta. A maioria dos produtos obtidos (madeira, carvão vegetal, postes) não faz parte dos direitos de utilização concedidos à CFA. Eles são acedidos ilegalmente. Isso pode ser um indicador de interesses conflitantes. No entanto, também pode refletir a qualidade da aplicação da lei. Uma forte aplicação da lei pode constituir um incentivo para que os infractores participem em discussões sobre a forma de resolver um conflito. Sem uma forte aplicação da lei, pode haver poucas razões para os infractores considerarem alternativas ao comportamento ilegal que está a contribuir para um conflito.

Quadro 15: Produtos florestais acedidos a partir da floresta.

Produto florestal	**Frequência**
Carvão vegetal	52
Lenha	79
Madeira	37
Mel	29
Medicamentos à base de plantas	21
Postes	15
Relva	38
Mudas de árvores	15

Fonte: Investigador, 2015

De acordo com a experiência do Quénia, alguns locais de GFP ainda não realizaram os benefícios previstos, o que indica a existência de desafios. Uma avaliação da GFP no Uganda também refere que os benefícios efectivos para as comunidades locais no âmbito do acordo de GFP são em grande parte desconhecidos. Pouco se sabe também sobre o impacto da CFM nos meios de subsistência das populações. De acordo com Scherl *et al,* (2004), a compreensão dos benefícios efectivos do CFM sobre os meios de subsistência das populações em torno das Áreas Protegidas (AP) é fundamental para a gestão sustentável das florestas. Faltam também informações que mostrem se o GFC melhorou o estado da floresta através do controlo do acesso ilegal à floresta, mas estas informações são essenciais para reforçar o desenvolvimento e a aplicação da política do GFC no Uganda. Devido às estruturas de poder enraizadas tanto nas instituições governamentais como nas comunidades, não é fácil promover a justiça social e os meios de subsistência sustentáveis através da GFC. Em geral, os mecanismos de GFC estão a diversificar-se, reflectindo um maior reconhecimento da necessidade de parcerias na gestão florestal (Turyahabwe *et al,* 2012).

5.2.7 Conhecimento e cumprimento da Lei das Florestas de 2005 e dos procedimentos de acesso aos produtos e serviços florestais

Na estrutura da GFP, a gestão florestal baseia-se na parceria, sendo a participação dos participantes um ingrediente essencial para a sustentabilidade. Com base neste entendimento, o estudo avaliou o nível de conhecimento no que se refere à Lei Florestal de 2005 e aos procedimentos de acesso a produtos e serviços florestais. A maioria dos inquiridos (65,80%) não tinha conhecimento da Lei Florestal de 2005, enquanto 34,20% a conheciam (Fig. 17). Isto poderia explicar os casos elevados de actividades ilegais e a baixa inscrição e participação nas actividades da CFA.

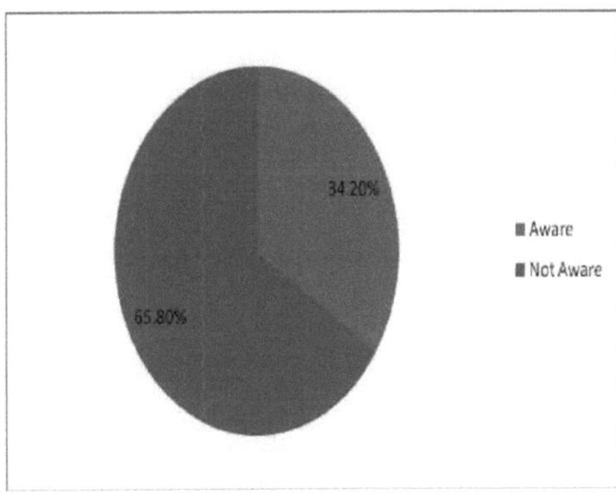

Fonte: Investigador, 2015

Figura 17: Sensibilização da comunidade para a Lei das Florestas de 2005

Dos inquiridos que tinham conhecimento da Lei das Florestas de 2005, a maioria (65,8%) não sabia ao certo que elemento específico da Lei das Florestas conhecia, tendo 19,4% indicado que estavam familiarizados com o aspeto da participação da comunidade, enquanto 14,8% estavam familiarizados com questões relacionadas com regras e multas.

Quadro 16: Elemento da Lei das Florestas de 2005 que a comunidade conhece

Elemento do ato	Percentagem
Regras e coimas	21.1
Participação da comunidade na gestão florestal	56.1
Implementação da GFP	18
Sem resposta	4.8

Total	100

Fonte: Investigador, 2015

A maioria (56,10%) dos inquiridos familiarizados com a Lei das Florestas de 2005 indicou que tinha conhecimento do envolvimento da comunidade, das regras e multas (21,1%) e da implementação da GFP (18%) (Quadro 16). Quanto ao conhecimento dos produtos florestais que requerem uma licença antes do acesso, a maioria (81,30%) indicou que sim, enquanto 18,70% indicaram que não tinham conhecimento. O estudo descobriu ainda que, quanto aos pormenores do acesso a uma licença para utilização de um produto florestal, a maioria (75,5%) sabia que tinha de a pagar na estação florestal. 24,5% dos inquiridos não tinham conhecimento do processo (Tabela 17).

Quadro 17: Conhecimento do procedimento de obtenção de uma licença

Procedimento	**Frequência**	**Percentagem**
É necessário pagar no serviço florestal para obter a autorização	117	75.5%
Não sei	38	24.5%
Total	155	100.0%

Fonte: Investigador, 2015

Um exame mais minucioso baseado nas três áreas de recolha de dados no que diz respeito aos produtos florestais que requerem licenças (Fig. 18) indicou que Eburu tinha o nível mais alto de conhecimento (40%), seguido por Ndabibi (36%), e Kiambogo (31%). A proximidade do gabinete do guarda florestal parece ter influenciado o nível de conhecimento. O gabinete do guarda florestal está sediado em Eburu, o que poderia facilitar a interação com a comunidade. Kiambogo é o mais distante e os problemas de acessibilidade devido ao terreno e à logística no terreno podem ter contribuído para uma sensibilização limitada. O facto de o Presidente da ECOFA residir em Kiambogo parece não ter contribuído para a sensibilização.

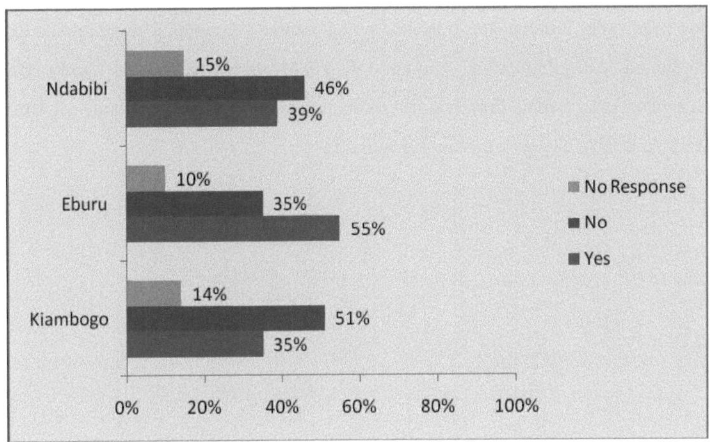

Fonte: Investigador, 2015

Figura 18: Conhecimento dos produtos e serviços florestais que requerem uma autorização de acesso

A figura 19 mostra a opinião dos inquiridos sobre se cumprem ou não os procedimentos de acesso aos produtos e serviços florestais. De acordo com os resultados, Eburu teve o número mais elevado (56%) de inquiridos que indicaram cumprir os procedimentos, seguido de Ndabibi (35%) e Kiambogo (25%). Um número significativo de inquiridos optou por não responder, provavelmente receando que houvesse um acompanhamento por parte da KFS. Kiambogo e Ndabibi são as principais áreas onde a maioria dos inquiridos não respondeu no que diz respeito ao cumprimento dos requisitos e procedimentos da Lei das Florestas de 2005. Estas foram também as áreas que registaram conflitos de utilização de recursos relativamente elevados e menos membros da CFA.

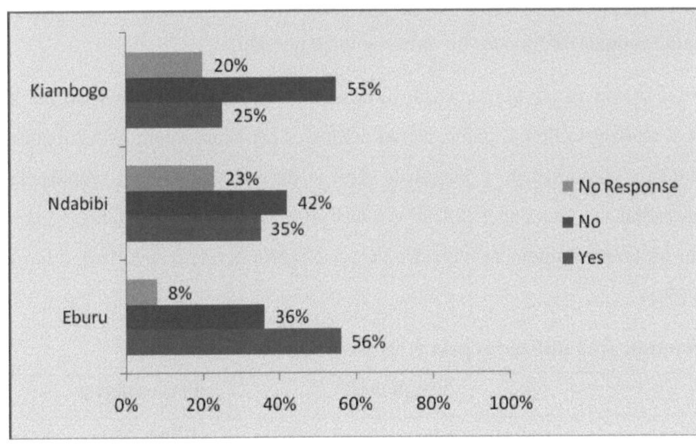

Fonte: Investigador, 2015

Figura 19: Cumprimento do procedimento de aquisição de licenças florestais

A maioria (80,60%) dos inquiridos indicou que o acesso aos produtos florestais é regulamentado, 9,70% foram de opinião que não é regulamentado, enquanto 9,70% não tinham a certeza (Figura 20). Quanto a quem regula o acesso, uma esmagadora maioria indicou a KFS (71,60%), enquanto 18,40% indicaram os líderes da CFA, e 10% não responderam (Figura 21).

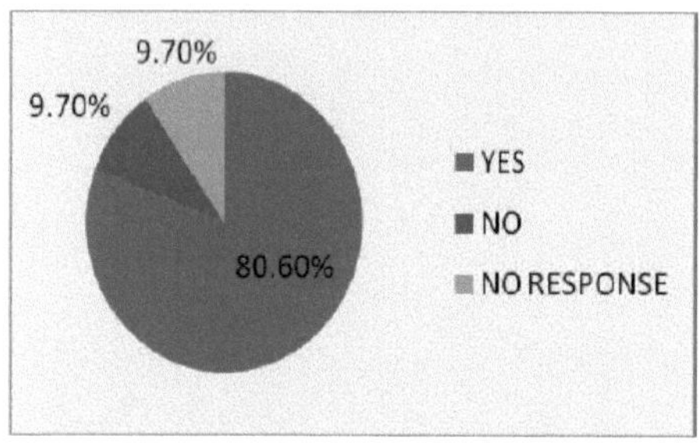

Source: Researcher 2015

Figure 20: Whether access to forest products is regulated

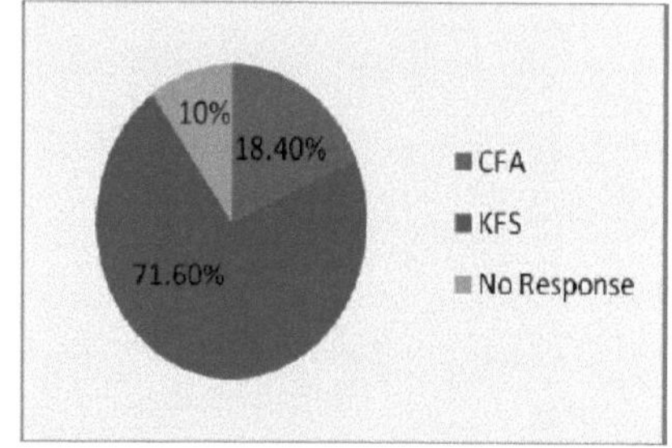

Source: Researcher 2015

Figure 21: Who regulates access to forest products

5.2.8 Informação e comunicação entre as partes interessadas

Sabe-se que a informação incompleta ou contraditória é um fator importante que contribui para os conflitos sobre a utilização dos recursos florestais. As entrevistas revelaram que a falta de informação ou informação contraditória se aplicava ao conflito entre a KenGen e a comunidade local em Eburu, onde os habitantes locais consideravam que a produção de energia geotérmica contribuía para as doenças respiratórias e para o declínio da produção agrícola. O estudo soube que a KenGen planeava encomendar um estudo para produzir informação científica sobre a questão.

O estudo também explorou os canais de comunicação utilizados para transmitir informações, a frequência das reuniões e a realização de um planeamento conjunto. De acordo com os resultados (Quadro 18), a maior parte da comunicação é efectuada através de reuniões (30%), seguida da comunicação boca-a-boca/verbal via messenger (28%), e-mails (10%) e cartas (10). Outros canais assinalados, mas de menor preferência, incluem o quadro de avisos (8%), o telemóvel (5%), o livro de rosto (5%) e o Twitter (5%).

Quadro 18: Canais de comunicação utilizados pela KFS em Eburu

Canal de comunicação	Frequência	Percentagem
Reuniões	46	30%
Quadros de avisos	11	7%

Emails	16	10%
Cartas	16	10%
Livro de rosto	8	5%
Boca a boca	42	28%
Telemóvel	8	5%
Twitter	8	5%

Fonte: Investigador, 2015

Não havia um calendário estruturado para as reuniões destinadas a resolver os conflitos relativos aos recursos florestais. Contudo, as entrevistas com os membros da CFA indicaram que estas se realizam consoante as necessidades. As entrevistas com informantes-chave revelaram que a freqüência de reuniões especificamente entre os membros da ECOFA e entre a CFA e a ECOFA estava em seu nível mais baixo devido a fundos inadequados e liderança fraca. O quadro 19 indica as principais partes interessadas que convocaram reuniões sobre conflitos de utilização dos recursos, sendo o guarda florestal (32,2%) o principal convocador, seguido da comunidade (23,9%) e do Presidente da ECOFA (20,6%). Outros convocadores registados foram o Chefe (16,8%) e o KenGen (6,5%). Na lista, faltam as ONG e as unidades de governação descentralizadas, como o Governo do Sub-Condado de Naivasha. A participação efectiva destes intervenientes externos é essencial, uma vez que muitos dos factores que dão origem e afectam a gestão e a resolução de conflitos nas áreas protegidas se situam fora dos limites da área protegida e estão, em grande medida, fora do controlo do pessoal da área protegida.

Quadro 19: Partes interessadas que convocam reuniões sobre conflitos relativos à floresta de Eburu

Partes interessadas	Frequência	Percentagem
Chefe	26	16.8%
KenGen	10	6.5%
Comunidade	37	23.9%
Presidente da CFA	32	20.6%
Forester	50	32.2%
Total	155	100%

Fonte: Investigador, 2015

5.2.9 Posse da terra

As entrevistas com informadores chave revelaram que o estatuto da posse da terra tinha implicações no nível de dependência e interação com a floresta. A posse segura da terra, em que os proprietários têm o direito ilimitado de usar e dispor da terra perpetuamente, sujeito aos direitos de outros e aos poderes reguladores do governo nacional, do governo do condado e de outros órgãos estatais relevantes, proporciona segurança para investimentos a longo prazo na terra. A melhoria dos investimentos na gestão das terras contribui para o aumento da produtividade que gera alternativas no que respeita aos produtos florestais lenhosos e não lenhosos. Eburu e partes de Ndabibi inserem-se nesta categoria. A dependência das florestas e os casos de conflitos de utilização dos recursos florestais são menores. Por outro lado, a insegurança da posse da terra, em que os ocupantes da terra são semi-proprietários, desmotiva os investimentos a longo prazo na terra, onde não se dá prioridade a actividades como a silvicultura agrícola e a conservação do solo. A maior parte de Kiambogo enquadra-se nesta categoria. Existe uma grande dependência da floresta no que respeita aos produtos florestais madeireiros e não madeireiros, registando-se casos elevados de conflitos de utilização dos recursos florestais.

5.2.10 Discussão sobre os factores que contribuem para os conflitos de utilização dos recursos florestais

O estudo identificou a falta de partilha equitativa dos benefícios e a participação inadequada das partes interessadas nas decisões sobre a gestão da floresta de Eburu como um fator-chave que contribui para os conflitos sobre a utilização dos recursos florestais. Este facto é consistente com Lewis (1996), que analisou estudos de caso sobre a gestão de conflitos em áreas protegidas e descobriu que, em quase todos os estudos de caso, os conflitos estão relacionados com 1) falta de atenção ao processo de envolvimento da população local e de outras pessoas que se preocupam com a área protegida no planeamento, gestão e tomada de decisões para a área, e/ou 2) pessoas de comunidades vizinhas com necessidades (por exemplo, para pastagem, lenha, materiais de construção, forragem, plantas medicinais e caça) que entram em conflito com os objectivos da área protegida. Observa ainda que muitas áreas protegidas parecem proporcionar a maior parte dos benefícios à nação em geral, razão pela qual são designadas por "parques nacionais" ou "reservas naturais nacionais", ou mesmo para todo o planeta, razão pela qual algumas áreas recebem o estatuto de Património Mundial. Muitas dessas áreas protegidas representam um custo líquido para as pessoas que vivem nelas e à sua volta, quer em termos de diminuição do acesso aos recursos, quer em termos de danos nas colheitas provocados por animais selvagens, quer ainda em termos do custo de oportunidade de utilizar esse habitat para outro fim. Assim, a questão da distribuição dos custos e benefícios é fundamental para ajudar a resolver os conflitos nas áreas protegidas. Em apoio a este ponto, (Koziell e Saunders, 2001) argumentam que a abordagem de cercas e multas, negando o acesso aos recursos florestais e qualquer envolvimento construtivo com a economia local existente, resulta frequentemente na interrupção dos meios de subsistência tradicionais baseados nos recursos florestais, o que alimenta os conflitos de utilização dos recursos florestais.

Os factores relacionados com a governação florestal identificados pelo estudo são consistentes com Awimbo *et al,* (2004) que argumenta que a alienação das comunidades locais da gestão dos recursos naturais é um fator chave que contribui para os conflitos de utilização dos recursos florestais. Nos diferentes ecossistemas, as comunidades locais tinham definido uma vasta gama de regras e procedimentos para o acesso, utilização e controlo dos recursos naturais com base nas normas e valores culturais das comunidades. Estas regras e regulamentos eram aplicados por instituições tradicionais. No entanto, a autoridade de muitas destas instituições para a gestão dos recursos foi corroída na sequência da introdução de instituições do governo central para a gestão dos mesmos recursos. As mudanças nas populações e nas práticas de utilização da terra também contribuíram para o enfraquecimento dos sistemas tradicionais de gestão de recursos. Além disso, enquanto anteriormente as comunidades eram relativamente homogéneas, o movimento de pessoas dentro do país resultou numa maior diversidade das comunidades locais e num menor respeito pelas normas e valores tradicionais de gestão dos recursos naturais. Este argumento é coerente com as constatações do presente estudo, que identificou a incapacidade da Lei das Florestas de 2005 de conciliar os objectivos de conservação das florestas com a salvaguarda dos direitos consuetudinários de acesso aos recursos florestais e a participação nos processos de tomada de decisões sobre a gestão das florestas como um fator essencial que contribui para os conflitos sobre a utilização dos recursos florestais em Eburu. A legislação é vista como um instrumento de gestão de conflitos. A revisão da Lei das Florestas de 2005 é necessária para mediar uma situação vantajosa para os interessados, visto que um esforço em que todos os interesses são satisfeitos (isto é, um resultado mutuamente aceitável ou "vantajoso para todos") tem muito mais probabilidades de resultar numa resolução duradoura e satisfatória do que um esforço em que apenas os interesses de uma das partes são tratados (isto é, um resultado "vantajoso para todos") (Lewis, 1996). As novas instituições criadas para gerir as florestas no âmbito dos acordos de GFP são fracas e carecem de capacidade adequada.

O estudo identificou a fraca aplicação da Lei das Florestas de 2004 devido à capacidade inadequada ao nível da Estação Florestal de Eburu como um dos principais factores que contribuem para os conflitos de utilização dos recursos florestais. Isto é consistente com (Koziell e Saunders, 2001) que indica que as áreas protegidas são frequentemente dotadas de muito poucos recursos, com pouco pessoal, existindo em muitos casos apenas no nome. Isto significa que a proteção é muitas vezes inadequada e que as florestas nas chamadas zonas protegidas estão sujeitas a desmatamento, esgotamento e sobre-exploração não planeados e contínuos.

As constatações do estudo, especificamente no que diz respeito à implementação inadequada da GFP e ao modo como os conflitos resultantes afectam negativamente a conservação das florestas, são consistentes com (Wood, 1993) que identificou uma forte ligação entre a gestão dos recursos naturais e o conflito. Ele argumenta que a escassez de recursos naturais leva à competição, que pode resultar em conflito. Além disso, a luta e a insegurança podem impedir a gestão adequada dos recursos naturais e reduzir a sua produção, agravando assim a escassez e intensificando a concorrência e o conflito. Por outro lado, as mudanças na gestão dos recursos naturais podem aumentar a oferta de benefícios que as pessoas procuram e, assim, reduzir a concorrência, enquanto a diversificação económica ou as mudanças políticas podem reduzir a procura de determinados recursos e, assim, reduzir a concorrência e o potencial de conflito.

O estudo identificou a insegurança da posse da terra, como é o caso em Kiambogo, e as consequentes práticas deficientes de gestão da terra nas paisagens adjacentes como afectando negativamente a conservação da floresta e contribuindo para os conflitos de utilização dos recursos florestais. Isto é consistente com (Kanowski, 1995), que indica que a proteção das ilhas de biodiversidade também exige que se tripule o mar entre elas; por muito bom que seja o sistema de áreas protegidas, o que acontece fora das áreas protegidas em paisagens geridas pode ser de importância semelhante para a conservação.

No que diz respeito aos baixos níveis de sensibilização e à erosão dos valores de conservação apontados pelo estudo, (Lewis, 1996) indica que não é realista esperar que as comunidades locais apoiem medidas de proteção ou aceitem compromissos que possam ser necessários para resolver um conflito, a não ser que tenham uma noção desses valores. Ele observa que a educação e as relações públicas são elementos-chave na maioria dos processos de resolução de conflitos, e que educar o público sobre os benefícios potenciais associados a uma área protegida pode ser uma ferramenta importante para evitar e resolver conflitos em áreas protegidas, especialmente a longo prazo.

A observação do estudo sobre a necessidade de reforçar a abordagem participativa na gestão da floresta de Eburu é ampliada por (Koziell e Saunders, 2001), que indica que a compreensão da forma como as actividades de gestão dos recursos naturais se relacionam com a biodiversidade e como podem afetar o progresso no sentido de meios de subsistência sustentáveis exige, portanto, o reconhecimento da natureza multifacetada e dinâmica da relação entre a biodiversidade e as necessidades das pessoas.

5.2.11 Teste de hipóteses

Ho: Não existem factores que contribuam para os conflitos de utilização dos recursos florestais em Eburu. Para permitir testar a hipótese nula, o estudo incluiu uma amostra de cento e cinquenta e cinco (155) agregados familiares adjacentes à floresta e procurou determinar se existiam utilizações não compatíveis que criassem tensão entre as partes interessadas em Eburu. Os dados foram analisados através de um teste de adequação do qui-quadrado.

Quadro 20: Teste Qui-Quadrado (Existem utilizações não compatíveis que criam tensões entre as partes interessadas em Eburu?)

	Observado N	Esperado N	Residual
Sim	82	51.7	30.3
Não	65	51.7	13.3
Sem resposta	8	51.7	-43.7
Total	155		

Quadro 21: Estatísticas inferenciais

	Existem utilizações que não são compatíveis e que criam tensões entre as partes interessadas em Eburu?
Chi -Quadrado	58.155[a]
df	2
Asymp. Sig.	.000

a. 0 células (0,0%) têm frequências esperadas inferiores a 5. A frequência mínima esperada das células é 51,7.

Nível de significância (α) = 0,05

p-valor = 0,000

Estatística do Qui-quadrado calculada (X^2) = 58,155

Grau de liberdade (df) = 2

X^2 (1) = 58,155, P≤0,05

Fonte: Dados de campo, 2014

A Tabela 20 indica que a estatística X^2 calculada, para um grau de liberdade de 2, é 58,155. Mostra também que o valor de significância (0,000) é inferior ao valor limiar de 0,05, resumido da seguinte forma X^2 (1) = 58,155, $p \leq .05$

Tabela 21: Valores críticos da distribuição do qui-quadrado

Accept Hypothesis ← → Reject Hypothesis

Percentage Points of the Chi-Square Distribution

Degrees of Freedom	Probability of a larger value of x^2								
	0.99	0.95	0.90	0.75	0.50	0.25	0.10	0.05	0.01
1	0.000	0.004	0.016	0.102	0.455	1.32	2.71	3.84	6.63
2	0.020	0.103	0.211	0.575	1.386	2.77	4.61	5.99	9.21
3	0.115	0.352	0.584	1.212	2.366	4.11	6.25	7.81	11.34
4	0.297	0.711	1.064	1.923	3.357	5.39	7.78	9.49	13.28
5	0.554	1.145	1.610	2.675	4.351	6.63	9.24	11.07	15.09
6	0.872	1.635	2.204	3.455	5.348	7.84	10.64	12.59	16.81
7	1.239	2.167	2.833	4.255	6.346	9.04	12.02	14.07	18.48
8	1.647	2.733	3.490	5.071	7.344	10.22	13.36	15.51	20.09
9	2.088	3.325	4.168	5.899	8.343	11.39	14.68	16.92	21.67
10	2.558	3.940	4.865	6.737	9.342	12.55	15.99	18.31	23.21

A Tabela 21 indica os valores críticos para a distribuição do qui-quadrado. O valor crítico com um grau de liberdade de 2 e um nível de significância (a) de 0,05 é 5,99. Neste caso, a estatística calculada (X^2) de 58,155 é superior ao valor crítico do qui-quadrado (5,99). A hipótese nula é rejeitada.

5.3 Factores que conduzem a uma escalada do conflito

Os conflitos não resolvidos persistem e assumem proporções maiores e intensidade elevada, tornando mais difícil a sua resolução. O estudo estabeleceu os seguintes factores como factores que levam à escalada dos conflitos sobre a utilização dos recursos florestais em Eburu.

a) Não tratamento das queixas em tempo útil

Esta foi considerada uma das principais razões que contribuem para a escalada dos conflitos sobre a utilização dos recursos florestais. Entre os casos citados, conta-se a demora da KenGen em dar resposta às queixas da comunidade de Eburu relativamente aos impactos negativos da produção de energia geotérmica. Verificou-se que as queixas não foram ouvidas até que a comunidade organizou uma manifestação de três dias, antes de serem tomadas medidas e de serem adoptadas disposições de compensação. Na altura em que foram tomadas medidas, o conflito tinha-se agravado. O mesmo se aplica às queixas relativas a portões inadequados e à má localização dos portões. A comunidade referiu ter apresentado uma queixa formal ao Comité Técnico da Vedação no mês de fevereiro de 2014, solicitando um portão em Tangi Moja, mas não obteve resposta. Foi também referido que os atrasos na reparação dos portões e na afetação de guardas-florestais para os guardar estavam a contribuir para a escalada do conflito na vedação. O facto de alguns portões não estarem operacionais devido à falta de guardas florestais foi visto como um fator de agravamento do conflito na vedação.

O aumento dos casos de vandalismo da vedação é um indicador de uma escalada do conflito. Também foi relatado que as proibições de pastoreio e recolha de lenha impostas pelo KFS em 2013, sem consultar a comunidade, levaram alguns membros da comunidade a incendiar a floresta em sinal de protesto.

b) Informações incompletas ou contraditórias

A falta de informação sobre os impactos das actividades nos recursos da área protegida alimenta um conflito e torna mais difícil a sua resolução. A incerteza científica e a tensão entre o conhecimento científico e o conhecimento tradicional/anedótico/local complicam frequentemente os conflitos sobre a utilização dos recursos florestais. A necessidade de desenvolver soluções para os conflitos face à falta de dados ou a dados contraditórios é frequentemente um dos aspectos mais frustrantes da resolução de conflitos nas áreas protegidas. As entrevistas revelaram que o guarda florestal tinha suspendido o corte e transporte, uma prática em que a forragem e o pasto são colhidos na floresta e transportados para alimentar os animais fora da floresta. A comunidade considerou que a decisão carecia de base científica, uma vez que a colheita de erva não tem qualquer efeito prejudicial nas árvores. Argumentaram que, de facto, durante a estação seca, a atividade é benéfica para a floresta, uma vez que minimiza os casos de incêndios florestais.

c) Plataforma ou mecanismos inadequados para a divulgação e a resolução de queixas

A maioria dos inquiridos (61,90%) indicou que não tinha conhecimento de qualquer reunião realizada para abordar os conflitos de utilização dos recursos florestais (fig. 22). Relativamente aos que tinham conhecimento, a maioria (71,60%) era da opinião de que as resoluções da reunião não foram implementadas.

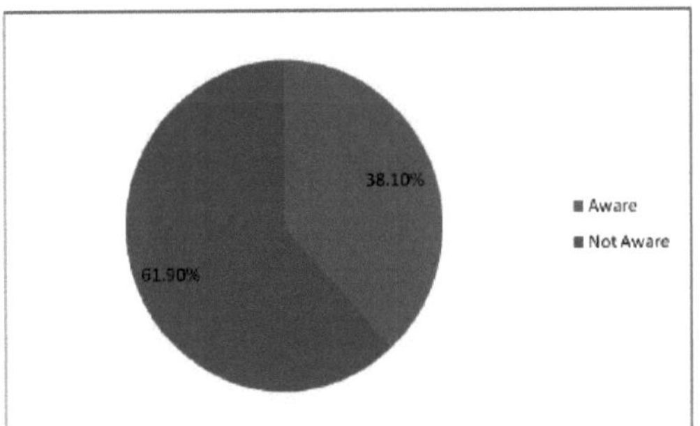

Source: Researcher, 2015

Figure 22: Awareness of meetings held to address forest resource use conflicts.

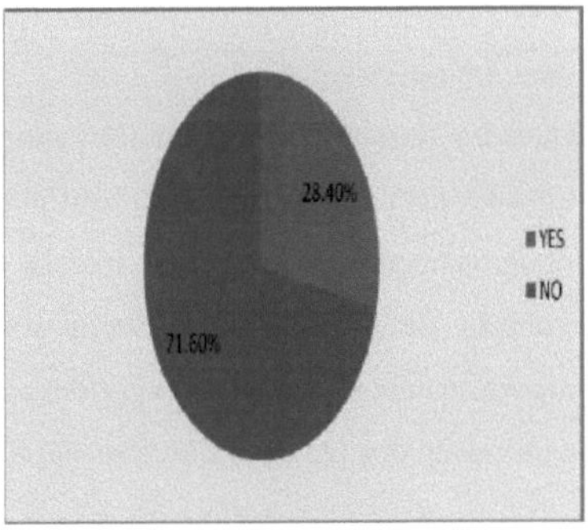

Source: Researcher, 2015

Figure 23: Whether the resolutions of the meeting were implemented

Quanto à forma como os conflitos são resolvidos na área sobre a utilização dos recursos florestais (Quadro 22), a maioria dos inquiridos identificou barazas públicas (33,5%) e reuniões específicas

(24,5%). Um número significativo de inquiridos (23,9%) indicou que nada é feito para resolver alguns conflitos. A falta de ação imediata por parte das partes responsáveis foi apontada como um fator-chave que leva à escalada do conflito, assim como o insucesso do processo judicial que leva à libertação dos infratores presos.

Quadro 22: Como são resolvidos os conflitos sobre questões ambientais na zona

	Frequência	**Percentagem**
Através de barazas públicas	52	33.5%
Reuniões específicas	38	24.5%
Detenção/processos judiciais	21	13.5%
Nada é feito	37	23.9%
Sem resposta	7	4.6%
Total	**155**	**100%**

Fonte: Investigador, 2015

5.4 Oportunidades de resolução de conflitos na floresta de Eburu

Quadro 23: Existência de oportunidades de resolução de conflitos na floresta de Eburu

Região/cluster	**Sim**	**Não**	**Total**
Eburu	34	21	55
Ndabibi	31	17	48
Kiambogo	24	12	36
Total	89	50	139

Fonte: Investigador, 2015

O Quadro 18 mostra a opinião dos inquiridos sobre a existência de oportunidades que poderiam ser utilizadas para resolver ou gerir conflitos sobre a utilização dos recursos florestais em Eburu. Nos três agrupamentos amostrados, a maioria dos inquiridos indicou a existência de oportunidades para a resolução de conflitos em Eburu sobre a utilização dos recursos florestais. Um número proporcionalmente maior de inquiridos indicou a existência de oportunidades para resolver conflitos de utilização dos recursos florestais em Eburu, seguido de Ndabibi e Kiambogo, por esta ordem.

5.4.1 Existência de regras que regem o acesso aos recursos florestais e a partilha de benefícios

a) Projeto de lei sobre a conservação e gestão das florestas de 2014

A Lei das Florestas de 2005 está a ser revista. Existe um projeto de lei de 2014 sobre a conservação e gestão das florestas que aborda a maioria das deficiências da lei atual. Os principais pontos fortes do projeto de lei, que resolveria os conflitos de utilização dos recursos florestais não só em Eburu mas também noutras florestas, incluem

• Introduz o desenvolvimento de diretrizes nacionais de gestão florestal para melhorar a utilização sustentável das florestas (cláusula 5)

• Prevê a criação do Fundo Fiduciário de Conservação e Gestão Florestal para financiar o desenvolvimento da silvicultura (cláusula 28)

• Prevê a criação de um mecanismo de apoio financeiro e técnico para criar incentivos ao aumento do coberto florestal

• Prevê um mecanismo de partilha de benefícios, que será elaborado em legislação subsidiária (cláusula 55)

- Prevê incentivos fiscais para a participação do sector privado no investimento no sector florestal (cláusula 56)

b) Estatutos da ECOFA para regulamentar o acesso e a utilização dos produtos florestais entre os grupos de utilizadores

Os estatutos desenvolvem o Acordo de Gestão Florestal e especificam os procedimentos e o que fazer e não fazer para os respectivos grupos de utilizadores. Embora estejam em fase de projeto, alguns grupos de utilizadores estão a aplicá-los.

5.4.2 Estruturas comunitárias em vigor para regular o acesso aos produtos florestais

a) ECOFA

A Eburu Community Forest Association é a CFA local que serve de veículo para o envolvimento coletivo da comunidade com a KFS na cogestão da floresta de Eburu. É composta por 26 grupos de utilizadores. Embora tenha desafios operacionais, constitui uma plataforma inestimável para a representação dos interesses dos membros da CFA e para a resolução de queixas entre os membros da CFA.

b) Comités técnicos e de gestão da vedação eléctrica de Eburu

Os dois comités são plataformas importantes que permitem a participação das partes interessadas no processo de tomada de decisões no que se refere à construção e gestão da vedação. O Comité de Gestão da Vedação está a um nível inferior, lidando com questões operacionais no terreno, enquanto o Comité Técnico é um órgão de tomada de decisões interinstitucional de nível superior que fornece orientação técnica. As queixas relacionadas com a vedação são canalizadas através do Comité de Gestão da Vedação para discussão e encaminhamento para o Comité Técnico para ação. Os dois comités constituem uma boa oportunidade para tratar as queixas sobre questões relacionadas com o acesso à floresta. Deve-se, porém, assegurar a representação efetiva dos participantes para tratar eficazmente das preocupações à medida que elas surgem. É prioritário ter uma representação adequada dos pastores.

5.4.3 Oportunidades de parceria devido à existência de diversos grupos e organizações de partes interessadas

A existência de organizações de desenvolvimento e conservação com projectos que contribuem para melhorar a conservação ambiental e o desenvolvimento comunitário ajuda significativamente a minimizar os conflitos de utilização dos recursos florestais. A maioria dos inquiridos, 63,20%, confirmou a existência de projectos destinados a melhorar a conservação da floresta. 32,30% foram da opinião de que não existem tais projectos, enquanto 4,5% não deram feedback (Fig. 24). Isto implica que tais projectos não estão distribuídos uniformemente nas áreas amostradas.

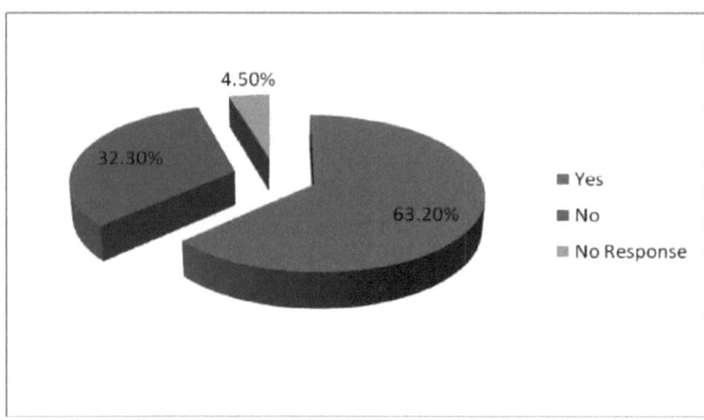

Fonte: Investigador, 2015

Figura 24: Existência de projectos destinados a melhorar a conservação das florestas em Eburu

O estudo estabeleceu (Quadro 24) que a maioria dos projectos apoiados se centra no desenvolvimento de capacidades (43,9%), seguido da plantação de árvores (18,1%). Outros incluem vedações (11,6%), apicultura (16,1%) e viveiros de árvores (9,0%). A vedação referida é a vedação eléctrica liderada pela Rhino Ark. A partir das conclusões, há relativamente menos ênfase no apoio a projectos de meios de subsistência.

Quadro 24: Natureza dos projectos de conservação em Eburu

Foco do projeto	Frequência	Percentagem
Apicultura	25	16.1%
Vedação	18	11.6%
Plantação de árvores	28	18.1%
Conservação das florestas e reforço das capacidades	68	43.9%

Viveiros florestais	14	9.0%
Sem resposta	2	1.3%
Total	155	100.0%

Fonte: Investigador, 2015

A Tabela 25.0 indica os principais parceiros em Eburu que apoiaram a conservação, onde KFS (35,5%), Comunidade (27,6%), Green Belt Movement (7,7%), KFWG (6,1%), Rhino Ark (5,8%) e Equity Bank (4,0%) foram considerados os principais. As entrevistas revelaram que a Arca do Rinoceronte apoiava a implementação de projectos hídricos e de bioempresas destinados a melhorar os meios de subsistência da comunidade local. A reabilitação da nascente de Olesirwa e o furo de Ndabibi foram alguns dos projectos hídricos apoiados pela Arca do Rinoceronte. A lista de partes interessadas constitui um bom ponto de partida para a mobilização de recursos. Ao estabelecer o Comité de Gestão de Nível Florestal para supervisionar a GFP em Eburu, seria prudente incorporar tais organizações.

Quadro 25: Principais doadores de projectos em Eburu

Principais intervenientes	**Percentagem**
KFS	35.5%
KWS	3.7%
KenGen	3.7%
Comunidade	27.6%
Associação ribeirinha do Lago Naivasha	1.9%
Arca do Rinoceronte	5.8%
Safaricom	1.9%
Banco de acções	4.0%
KFWG	6.1%
Nação Media	2.1%
Cintura verde	7.7%
Total	100%

Fonte: Investigador, 2015

A maioria dos inquiridos (56,80%) tinha conhecimento de projectos e doadores anteriores em Eburu (nos últimos 5 anos), enquanto 43,20% não tinham conhecimento. Os principais parceiros (GBM e KFWG), como mostra o quadro 26, foram considerados inactivos, uma vez que não têm projectos em curso em Eburu. A CFA e a KFS poderão ter de estabelecer uma ligação com estas organizações que estavam activas em Eburu, com vista a aumentar a mobilização de recursos para uma melhor conservação e diversificação dos meios de subsistência.

Tabela 26: Doadores que apoiaram projectos de conservação em Eburu nos últimos cinco anos

Doador	Frequência	Percentagem
GBM	37	24.0%
Banco de acções	15	9.7%
KWS	14	9.1%
KBL	7	4.5%
Nação Media	15	9.7%
Autoajuda África	15	9.7%
KFWG	44	28.6%
Imarisha Naivasha	7	4.5%

Fonte: Investigador, 2015

5.4.4 Cerca eléctrica de Eburu

A vedação constitui uma boa oportunidade para melhorar a conservação e a recuperação das florestas, controlando as actividades humanas ilegais e a sobre-exploração dos recursos florestais, o que minimizaria os casos de conflitos de utilização dos recursos florestais. Foi observado algum impacto positivo no que se refere ao aumento das pastagens, à melhoria da segurança e à redução das actividades ilegais. As queixas apresentadas pela comunidade local sobre os portões devem ser abordadas e deve ser criada e aplicada uma estratégia de comunicação. Os actores não estatais devem dar as mãos e trabalhar com a Rhino Ark para implementar as bioempresas identificadas para melhorar os meios de subsistência.

5.4.5 Teste de hipóteses

Ho: Não existem oportunidades de resolução de conflitos na floresta de Eburu

Para permitir testar a hipótese nula, o estudo incluiu uma amostra de cento e cinquenta e cinco (155) agregados familiares adjacentes à floresta e procurou determinar se existem oportunidades de resolução de conflitos na Floresta de Eburu. Os dados foram analisados através de um teste de adequação do qui-quadrado.

Tabela 27: Teste do Qui-Quadrado

	Observado N	Esperado N	Residual
Sim	89	51.7	37.3
Não	50	51.7	-1.7
Sem resposta	16	51.7	-35.7
Total	155		

Tabela 28: Estatísticas inferenciais

	Existem oportunidades que poderiam ser utilizadas para resolver ou gerir os conflitos de utilização dos recursos florestais em Eburu?
Chi -Quadrado df Asymp. Sig.	51.652[a] 2 .000

Nível de significância (α) = 0,05

p-valor = 0,000

Estatística do Qui-quadrado calculada (X^2) = 51,652

Grau de liberdade (df) = 2

X^2 (1) = 51,652, P≤0,05

Fonte: Dados de campo, 2014

A Tabela 28 indica que a estatística X^2 calculada, para o grau de liberdade, é 51,652. Também mostra que o valor de significância (0,000) é inferior ao valor limite de 0,05, resumido da seguinte forma X^2 (1) = 51,652, $p \leq .05$.

Tabela 29: Valores críticos da distribuição do qui-quadrado

← Accept Hypothesis   Reject Hypothesis →

Percentage Points of the Chi-Square Distribution

Degrees of Freedom	Probability of a larger value of x^2								
	0.99	0.95	0.90	0.75	0.50	0.25	0.10	0.05	0.01
1	0.000	0.004	0.016	0.102	0.455	1.32	2.71	3.84	6.63
2	0.020	0.103	0.211	0.575	1.386	2.77	4.61	5.99	9.21
3	0.115	0.352	0.584	1.212	2.366	4.11	6.25	7.81	11.34
4	0.297	0.711	1.064	1.923	3.357	5.39	7.78	9.49	13.28
5	0.554	1.145	1.610	2.675	4.351	6.63	9.24	11.07	15.09
6	0.872	1.635	2.204	3.455	5.348	7.84	10.64	12.59	16.81
7	1.239	2.167	2.833	4.255	6.346	9.04	12.02	14.07	18.48
8	1.647	2.733	3.490	5.071	7.344	10.22	13.36	15.51	20.09
9	2.088	3.325	4.168	5.899	8.343	11.39	14.68	16.92	21.67
10	2.558	3.940	4.865	6.737	9.342	12.55	15.99	18.31	23.21

A Tabela 29.0 indica os valores críticos para a distribuição do qui-quadrado. O valor crítico com um grau de liberdade de 2 e um nível de significância (a) de 0,05 é 5,99. Neste caso, a estatística calculada (X^2) de 51,652 é superior ao valor crítico do qui-quadrado (5,99). A hipótese nula é rejeitada.

CAPÍTULO 6: CONCLUSÃO E RECOMENDAÇÃO

6.1 Resumo das conclusões

O estudo identificou e descreveu sete tipos de conflitos de uso de recursos florestais na área de estudo, que são: conflito entre a comunidade local em Eburu e KenGen, conflito entre a comunidade local e Rhino Ark, e conflitos entre KFS e a comunidade sobre atividades ilegais. Outros são: conflito entre a KFS e a comunidade sobre a recolha de lenha, conflitos entre os membros da comunidade sobre a utilização dos recursos florestais, conflitos entre os pastores e os agricultores locais sobre a água, e conflitos entre a KFS e os pastores sobre o pastoreio.

No que se refere aos principais factores que contribuem para os conflitos de utilização dos recursos florestais em Eburu, o estudo identificou e descreveu o seguinte

- Política e legislação florestal
- Estruturas institucionais fracas no que respeita à gestão participativa das florestas
- Participação na tomada de decisões e na execução da conservação das florestas
- Queixas e expectativas não satisfeitas dos membros da ECOFA
- Interesses contraditórios das partes interessadas e utilizações incompatíveis
- Partilha desigual dos benefícios entre as partes interessadas resultantes da gestão florestal
- Informação e comunicação inadequadas entre as partes interessadas
- Conhecimento inadequado e cumprimento limitado da Lei das Florestas de 2005 e dos procedimentos de acesso aos produtos e serviços florestais
- Posse da terra

Os factores que contribuem para a escalada dos conflitos sobre a utilização dos recursos florestais na floresta de Eburu foram identificados como a não resolução atempada das queixas, informações incompletas ou contraditórias e uma plataforma ou mecanismos inadequados para a ventilação e a reparação das queixas. Existem várias oportunidades para gerir os conflitos de utilização dos recursos florestais em Eburu. As identificadas pelo estudo são: a existência de regras que regem o acesso aos recursos florestais e a partilha de benefícios, as estruturas comunitárias existentes para regular o acesso aos produtos florestais, as oportunidades de parceria devido à existência de diversos grupos e organizações de partes interessadas e a vedação eléctrica de Eburu.

6.2 Conclusão

A comunidade local é parte em todos os conflitos de utilização dos recursos florestais identificados pelo estudo na floresta de Eburu. Este facto confirma a grande importância que a comunidade local tem na gestão e utilização da floresta, daí a necessidade de integrar a participação da comunidade na gestão florestal e de salvaguardar os seus direitos de acesso aos recursos florestais.

Os conflitos existentes na floresta de Eburu resultam das relações humanas entre as partes interessadas que têm valores, direitos, obrigações, necessidades e interesses diferentes que são satisfeitos a partir do mesmo recurso. A utilização incompatível da floresta de Eburu contribuiu para o declínio e a degradação dos recursos florestais. A concorrência que se seguiu em relação a quantidades reduzidas de produtos florestais; a perceção de escassez devido à utilização competitiva; e a incapacidade de negociar regras e regulamentos para a partilha dos recursos, que sejam aceitáveis para todas as partes interessadas, alimentam os conflitos entre os utilizadores dos recursos florestais. A multiplicidade de utilizadores dos recursos florestais, alguns com objectivos e prioridades incompatíveis, juntamente com outros factores, conduz a conflitos que não só contribuem para a degradação das florestas, mas também comprometem os direitos tradicionais de acesso das populações locais aos recursos florestais.

A distribuição desproporcionada dos benefícios relacionados com as florestas, tal como decorre dos direitos de utilização previstos na Lei das Florestas de 2005, e o elevado valor das florestas, bem como as necessidades e interesses variados e contraditórios, justificam a necessidade de uma boa gestão para evitar conflitos entre os utilizadores dos recursos florestais. A adoção inadequada de uma abordagem de utilização múltipla criou a noção de que a maior parte dos benefícios provenientes da floresta beneficia sobretudo a nação em geral, sendo a floresta considerada pelas comunidades locais como um custo líquido em termos de diminuição do acesso aos recursos, de danos causados às culturas por animais selvagens e do custo de oportunidade de utilizar esse habitat para outros fins

O facto de a maioria dos conflitos ocorrer durante a estação seca confirma a existência de um padrão. Isso aponta para a competição por recursos florestais escassos, especialmente água e pasto. A estação seca merece atenção especial no que diz respeito aos esforços para resolver os conflitos de uso dos recursos florestais.

A legislação e as regras, por si só, não podem assegurar a conservação sustentável das florestas. Os conflitos de utilização dos recursos florestais podem ser resolvidos eficazmente através de uma gestão ativa que procure conciliar e harmonizar os objectivos de conservação e as prioridades de desenvolvimento e de subsistência da comunidade local num ambiente participativo e consultivo. A não resolução atempada dos conflitos sobre a utilização dos recursos florestais conduz a uma escalada dos conflitos, o que complica a sua resolução.

Os conflitos na utilização dos recursos florestais, tal como se verificou em Eburu, revelam tanto a importância como o desafio de manter as florestas e de encontrar um equilíbrio entre a conservação e a utilização - praticando uma gestão sustentável das florestas para assegurar toda a gama de contribuições económicas, sociais e ambientais das florestas. As florestas fornecem uma vasta gama de bens e serviços que criam oportunidades de desenvolvimento e de melhoria do bem-estar humano

Existem oportunidades que, se utilizadas, podem minimizar os conflitos de utilização dos recursos florestais. A gestão e a utilização dos recursos florestais contribuíram para conflitos entre as partes interessadas que estão a afetar a conservação sustentável da floresta e a sua capacidade de fornecer os bens e serviços ecossistémicos tão necessários.

A abordagem participativa deve ser considerada na adoção de oportunidades de gestão de conflitos (como a vedação), a fim de minimizar os conflitos secundários.

6.3 Recomendações

Conflitos de utilização dos recursos florestais

• Reforçar a participação da comunidade na gestão florestal (incluindo a tomada de decisões) e melhorar as relações e a comunicação entre as organizações parceiras.

• Criar um Comité de Gestão Florestal para proporcionar uma plataforma para a resolução das queixas da comunidade e assegurar a utilização harmoniosa dos recursos florestais em conformidade com o plano de gestão florestal de Eburu.

• A comunidade local é uma das partes em todos os conflitos de utilização dos recursos florestais identificados. As intervenções destinadas a resolver os conflitos relativos à utilização dos recursos florestais em Eburu devem centrar-se na resolução das suas queixas, na salvaguarda dos direitos de acesso consuetudinários e na promoção do desenvolvimento da comunidade, a fim de minimizar a dependência dos recursos florestais para a sua subsistência.

• Apesar da constatação do estudo de que a maioria dos conflitos de utilização dos recursos florestais ocorre no interior da floresta, as intervenções de gestão de conflitos devem também visar as paisagens adjacentes à floresta com o objetivo de criar opções alternativas de subsistência.

Factores que contribuem para os conflitos de utilização dos recursos florestais

• As intervenções destinadas a resolver os conflitos de utilização dos recursos florestais na floresta de Eburu devem ter por objetivo abordar os factores identificados, entre os quais se destacam o reforço da participação da comunidade no processo de tomada de decisões, a garantia da equidade na partilha dos benefícios e a integração das considerações relativas aos meios de subsistência e à pobreza nos objectivos de conservação da biodiversidade.

• É necessário adotar uma abordagem de utilização múltipla na gestão florestal, com vista a alargar o leque de benefícios. A satisfação das necessidades da maioria dos actores garante o seu apoio à conservação. Isto contribui para a redução dos conflitos e para a conservação sustentada das florestas.

• A gestão da floresta de Eburu deve ser informada e baseada no Plano de Gestão Florestal de Eburu, um documento negociado que concilia objectivos de conservação e de desenvolvimento. Tal minimizaria os interesses contraditórios e incompatíveis das partes interessadas.

- Reforçar a capacidade organizativa da CEDEAO para o desempenho efetivo das suas funções, o que inclui a criação de uma plataforma de resolução de conflitos e de comunicação.

Oportunidades de resolução de conflitos de utilização dos recursos florestais

- O Governo do Condado deve reforçar as parcerias com os parceiros de desenvolvimento, incluindo os intervenientes não estatais, a fim de realizar projectos de desenvolvimento comunitário para a redução da pobreza e a diversificação dos meios de subsistência.
- Rever a Política Florestal e a Lei das Florestas de 2005 para prever mecanismos de partilha de benefícios entre as principais partes interessadas responsáveis pela conservação da floresta de Eburu. No entanto, a elaboração de uma legislação sobre a partilha dos benefícios dos recursos naturais teria mais impacto, uma vez que abrange e trata de uma vasta gama de recursos que ocorrem normalmente num ecossistema.
- Melhorar a educação para a conservação e as relações públicas para garantir o apoio da comunidade na proteção da biodiversidade florestal. Educar o público sobre os potenciais benefícios associados a uma área protegida pode ser uma ferramenta importante para evitar e resolver conflitos em áreas protegidas, especialmente a longo prazo.
- Reforçar a capacidade de defesa das CFA para uma representação e negociação eficazes dos interesses dos membros, especificamente no que se refere a influenciar as reformas legislativas para uma partilha equitativa dos benefícios.
- Pressionar a Comissão Nacional da Terra para que acelere o processo de adjudicação das antigas quintas da ADC em Oljorai.
- Rever o Plano de Gestão Florestal de Eburu (PFMP), que expirou em 2013, para refletir as realidades emergentes. O plano não reflecte desenvolvimentos importantes, como a vedação eléctrica.
- Criar um Comité de Gestão Florestal para proporcionar uma plataforma para a resolução das queixas da comunidade e assegurar a utilização harmoniosa dos recursos florestais em conformidade com o plano de gestão florestal de Eburu.
- Adotar medidas para garantir a aplicação/implementação do PFMP de Eburu, uma vez revisto, sendo prioritário criar um Comité de Gestão Florestal para supervisionar a sua aplicação. A garantia de que o plano constitui a base de todas as actividades de conservação das florestas promoveria a harmonia, minimizando assim os conflitos associados a actividades de conservação das florestas incompatíveis e sobrepostas.
- Desenvolver um plano de negócios para orientar o funcionamento de empresas baseadas na natureza na floresta.

REFERÊNCIAS

1. Adams W., Brockington D., Dyson J., Viraa B. 2003. Managing Tragedies: Understanding Conflict over Common Pool ResourcesAutor(es):Fonte: Science, New Series, Vol. 302, No. 5652 (Dec. 12, 2003), pp. 1915-1916, Publicado por: American Association for the Advancement of Science URL estável: http://www.jstor.org/stable/3835715 .Acedido: 10/12/2012 10:02

2. Adrian P. W. 1993. Natural Resource Conflicts in South-West Ethiopia: State, Communities, and the Role of the National Conservation Strategy in the Search for Sustainable Development *,Nordic Journal of African Studies 2(2): 83 99 Universidade de Huddersfield, Reino Unido*

3. Ajulu, R. 2002. Politicised Ethnicity, Competitive Politics and Conflict in Kenya: A Historical Perspective. Estudos Africanos 61:2,251-268.

4. Antónia, E. 2011. Gestão Colaborativa de Conflitos para Programas Nacionais de Florestas (PNFs) Melhorados

5. Awimbo J., Barrow E., e Karaba M. 2004. Community Based Natural Resource Management in the IGAD region, Nairobi, IUCN-EARO

6. Barnes C. 2005. Weaving the Web: Civil-society Roles in Working with Conflict and Building Peace. pp. 7-24.

7. Boschken H. L. 1982. Land Use Conflicts: Organizational Design and Resource Management. Urbana: University of Illnois Press.

8. Castro A.P e Nielsen E. eds. 2004. Natural Resources Conflicts Management Case Studies: An Analysis of Power, Participation and Protected Areas. Forest *Ecology and Management* 193, 427-428.

9. Castro A.P e Nielsen E. 2001. Indigenoues Peoples and Co-Management: Environmental *Science and Policy* 4 (2001) 229-239.

10. Coleman, P. 2000. Intractable Conflict. pp. 428-450. In: Deutsch, M. e Coleman, P.: The Handbook of Conflict Resolution, Theory and Practice. Jossey-Bass, São Francisco.

11. Daniels, S., & Walker, G. 1993. *Gerir disputas sobre recursos naturais*

12. Daniels, S.E. e Walkers, G.B. 2001. Working Through Environmental Conflict, the Collaborative Learning Approach. Praeger, Londres.

13. De Koning R., Capistrano D., Yasmi, Y., e Cerutti P. 2008. Forest Related Conflicts, Impacts, links and measures to mitigate, Iniciativa Direitos e Recursos

14. Departamento de Levantamento de Recursos e Sensoriamento Remoto (DRSRS) e Grupo de

Trabalho Florestal do Quénia (KFWG). 2006. *Changes in Forest Cover in Kenya's Five Water Towers, 2003-2005.* DRSRS e KFWG.

15. Departamento de Levantamento de Recursos e Deteção Remota e Grupo de Trabalho sobre Florestas do Quénia (DRSRS e KFWG). 2006. Alterações no coberto florestal nas cinco torres de água do Quénia, 2003-2005.

16. FAO. 2005. *State of the World's Forests 2005.* Alimentação e Agricultura das Nações Unidas, Roma. ftp://ftp.fao.org/docrep/fao/007/y5574e/y5574e00.pdf

17. FAO. 2010. *Avaliação global dos recursos florestais 2010 - relatório principal.* FAO Forestry Paper No. 163.Rome. www.fao.org/docrep/013/i1757e/i1757e00.htm.

18. FAO 2003a. *Forestry Outlook Study for Africa - African Forests: A View to 2020.* Banco Africano de Desenvolvimento, Comissão Europeia e Organização das Nações Unidas para a Alimentação e a Agricultura, Roma. ftp://ftp.fao.org/docrep/fao/005/Y4526B/y4526b00.pdf

19. FAO 2003b. Forestry Outlook Study for Africa: Relatório sub-regional - África Austral. Banco Africano de Desenvolvimento, Comissão Europeia e Organização das Nações Unidas para a Alimentação e a Agricultura Roma.ftp://ftp.fao.org/docrep/fao/005/y8672e/y8672e00.pdf

20. FAO 2002. *Avaliação global dos recursos florestais 2000 - Relatório principal.* FAO Forestry Paper No.140. Organização das Nações Unidas para a Alimentação e a Agricultura, Roma

21. Tendências florestais, 2002. Global Perspectives On Indigenous Peoples' Forestry, Linking Communities, Commerce And Conservation, Vancouver, Canadá (actas da conferência internacional)

22. Gresch P., e Smith B., 1985. Gestão de conflitos espaciais: The planning System in Switzerland. Progress in Planning 23 (3), Oxford, Eng. Pergamon press

23. GOVERNO DO QUÉNIA 2009. Reabilitação do ecossistema florestal de Mau; um conceito de projeto preparado pelo Secretariado de Coordenação Provisório, Gabinete do Primeiro-Ministro, em nome do Governo do Quénia.

24. GOVERNO DE 2010. Reabilitação do Ecossistema Florestal de Mau, Secretariado de Coordenação Interino (ICS)

25. Galtung J. 1969. O conflito como forma de vida. Pp. 339-376. In: H.Freeman (Ed.) 1969. Progress in Mental Health. Churchill, Londres.

26. Hirakuri, S.R. 2003. Pode a lei salvar as florestas? Lessons from Finland and Brazil (Lições da Finlândia e do Brasil). CIFOR, Bogor, Indonésia. 120 p.

27. ICS. 2009. Relatório do Grupo de Trabalho do Primeiro-Ministro sobre a Conservação do Complexo Florestal de Mau, março de 2009, Nairobi, Quénia

28. Indufor, 2011. Nota de estratégia para a reforma da governação florestal no Quénia, Miti Mingi Maisha Bora

29. Jackie C., Rita S., Pablo M., Thierry D., Christian L., Melanie W., Amelia B., e Jan B. 2012. The role and Contribution of Montane Forests and Related Ecosystem Services to the Kenyan Economy, PNUA, Nairobi.

30. Kagwanja P.M. 2003. Facing Mount Kenya or Facing Mecca? The *Mungiki,* Ethnic Violence and the Politics of the Moi Succession in Kenya, 19872002. African Affairs, 102:25-49.

31. Kalumiana, O.J. 2000. *Consumo e Transporte de Carvão Vegetal: Subcomponente de Energia do Estudo CHAPOSA da Zâmbia.* Documento preparado para discussão no Segundo Workshop Anual da CHAPOSA. Morogoro, Tanzânia. http://www.sei.se/chaposa/documents/chrc_cons_transp.pdf

32. KFS, 2012. Relatório Anual 2010/2011

33. KFWG, KFS. 2008. Plano de Gestão Florestal Participativa da Floresta de Eburu.

34. KFWG e KFS. 2008. Diretrizes de Gestão Florestal Participativa

35. KNBS, 2010. Recenseamento da população e da habitação no Quénia de 2009; Counting our people for the implementation of vision 2030. Vol 1 A, Distribuição da população por unidades administrativas, Nairobi, Quénia.

36. KWS, KFS, KFWG, UNEP e RA. 2011. Avaliação ambiental, social e económica da vedação da área de conservação de Aberdare, Nairobi, Quénia

37. Kigenyi F, Gondo P. e Mugabe J. 2002. Practice Before Policy: An Analysis of Policy and Institutional Changes Enabling Community Involvement in Forest Management in Eastern and Southern Africa (Análise das Mudanças Políticas e Institucionais que Permitem o Envolvimento da Comunidade no Manejo de Florestas na África Oriental e Austral). NRI e IUCN, Nairobi

38. KWS, Rhino Ark e KFS. 2012 Relatório do estudo de avaliação do impacto ambiental e social para a vedação de Eburu

39. Koziell, I., e Sunders, J. (Eds) 2001. Living Off Biodiversity: Exploring Livelihoods and Biodiversity Issues in Natural Resources Management. Londres: Instituto Internacional para o Ambiente e o Desenvolvimento

40. Lewis, C.1996. Managing Conflicts in Protected Areas.IUCN, Gland, Suíça, e Cambridge, Reino Unido. xii + 100 pp.

41. Maathai,W. 2005. Um apelo para as florestas da África Central. *Unasylva* No. 220 - COFO 2005: Dialogue into action. Organização das Nações Unidas para a Alimentação e a Agricultura, Roma. http://www.fao.org/documents/show_cdr.asp?url_file=/docrep/008/y6006e/y6006e09.htm

42. Mbote, P.2005. Environment and conflict linkages in the Great Lakes Region, documento de trabalho do IELRC

43. Moore, C. 1986. The Mediation Process: Practical Strategies for Managing Conflict. São Francisco: Jossey-Bass.

44. Mutugi, F. 2014. Avaliação e modelação de reservatórios do sistema geotérmico de Eburru, Quénia.

45. NEPAD, 2003. *Plano de Ação para a Iniciativa Ambiental.* Nova Parceria para o Desenvolvimento de África, Midrand. http://nepad.org/2005/ files/reports/action_plan/action_plan_english2.pdf

46. Ochieng-Odhiambo, M. 2000. Estudo da Oxfarm sobre o conflito no Karamoja: A Report. Oxfarm. Kampala

47. Okoth-Ogendo, H.W. 2000. Legislative Approaches to Customary Tenure and Tenure Reform in East Africa [Abordagens legislativas à posse consuetudinária e à reforma da posse na África Oriental].

48. Opotow, S. 2000. Aggression and Violence. pp. 403-427. In: Deutsch, M. e Coleman, P. 2000. The Handbook of Conflict Resolution, Theory and Practice. Jossey-Bass, São Francisco.

49. Ongugo P., Obonyo E., Magoi J., e Oeba V. 2008. The Effect of Internal Human Conflicts on Forest Conservation and Sustainable Development in Kenya, Instituto de Investigação Florestal do Quénia.

50. Ostrom E., 1990. Goveming the Commons. The Evolution of Institutions for Collective Action, Cambridge Univ. Press, Cambridge.

51. Pimbert M., e Pretty J., 1995. Parks, people and professionals. Putting participation into protected area management.Discussion paper,No.57. Genebra: Instituto de Investigação das Nações Unidas para o Desenvolvimento Social (UNRISD)

52. Ribot J., Lund J. F. e T. Treue 2010. Democratic Decentralization in SubSaharan Africa: Its contribution to forest management, livelihoods, and enfranchisement. Environmental Conservation 37:35-44.

53. Sayer, Elliot C., Barro E., Gretzinger S., Maginnis S., McShane T. e Shepherd G. 2005. Implications for Biodiversity Conservation of Decentralized Forest Resource Management

(Implicações da Gestão Descentralizada dos Recursos Florestais para a Conservação da Biodiversidade). In: Piece C.J., Capistrano D. e C. (Eds). The Politics of Decentralization: Forests, Power and People. Earthscan Publishers. REINO UNIDO. Pp. 121-137

54. Scherl L.M., Wilson, A., Wild R., Blockhus J., Franks P., McNeely, J.A. & McShane T.O. 2004. Can Protected Areas Contribute to Poverty Reduction? Opportunities and Limitations. Relatório do Gabinete do Investigador Principal, IUCN, Gland

55. SID, 2012. O Estado da África Oriental 2012, aprofundar a integração, intensificar os desafios, Sociedade para o Desenvolvimento Internacional

56. Sofia R. H. 2003. Can Law Save the Forest? Lessons from Finland and Brazil, o Centro de Investigação Florestal Internacional (CIFOR),

57. Spies C. 2006. Resolutionary Change: A Arte de Despertar as Faculdades Adormecidas nos Outros

58. Teklemariam, M. 2012. Overview of geothermal resource exploration and development in the East African Rift system, UNEP, Nairobi Quénia.

59. Treue, 2010. Democratic Decentralization in Sub-Saharan Africa: Its contribution to forest management, livelihoods, and enfranchisement. Conservação Ambiental 37:35-44.

60. Turyahabwe N., Agea J.G., Tweheyo M., e Tumwebaze S. 2012. Collaborative Forest Management in Uganda: Benefits, Implementation Challenges and Future Diretions, Faculdade de Ciências Agrícolas e Ambientais, Universidade de Makerere, Kampala, Uganda.

61. PNUA, 2009. Perspectivas do Ambiente em África 2, O Nosso Ambiente, A Nossa Riqueza

62. PNUA, 2012. Serviços integrados dos ecossistemas florestais. Relatório técnico. Quénia.

63. Nações Unidas, 1998. The Causes of Conflict and the promotion of Durable Peace and Sustainable development in Africa (As causas do conflito e a promoção da paz duradoura e do desenvolvimento sustentável em África). Relatório do Secretário-Geral ao Conselho de Segurança das Nações Unidas, Nações Unidas, Nova Iorque.

64. Departamento do Trabalho dos EUA, 2006. Administração da Segurança e Saúde no Trabalho, Programa OSHA

65. Wass, P. 2000. Avaliação dos recursos florestais do Quénia. Programa de Parceria CE-FAO (1998-2002) Projeto GCP/INT/679/CE. Addis Abeba, Etiópia

66. Waithaka, J. e Mwathe K. 2003. Issues Impeding Forest Conservation and Management in Kenya (Questões que impedem a conservação e a gestão das florestas no Quénia). Em *Forests and*

Development: Investing in policy analysis, advocacy and monitoring to resolve forest conservation conflicts in Kenya (eds. D.L Nightingale). Nature Kenya Environmental Legislation and Policy Working Group Conservation Papers. Nature. Quénia, Nairobi

67. Banco Mundial, 2007. *Avaliação Ambiental Estratégica da Lei das Florestas de 2005.* Banco Mundial, Nairobi.

68. Madeira. A, 1993. Natural Resource Conflicts in South-West Ethiopia: State, Communities, and the Role of the National Conservation Strategy in the Search for Sustainable Development, *Nordic Journal of African Studies 2(2): 83 99 (1993) Universidade de Huddersfield, Reino Unido*

69. Zartman, I. W. 1989. Ripe For Resolution: Conflict and Intervention in Africa. Nova Iorque: Oxford University Press.

ANEXO

Anexo 1: Questionário

Título do Projeto: Avaliação dos factores que contribuem para os conflitos de utilização dos recursos florestais, um caso da floresta de Eburu, Quénia

Declaração: Estas informações são confidenciais e serão utilizadas exclusivamente para fins de investigação.

Localização ....

AreaDate ....

Responsável .... Pessoa .... Questionário n.º ....

Secção A: Informações demográficas

A1. Nome do inquirido ....

A2. Sexo Masculino ☐ Feminino ☐

A3 Idade (assinale uma opção) 30 anos ☐ Btn 30 e 50 anos ☐ Mais de 50 anos ☐

A3. Nível de ensino mais elevado atingido ....

A4. N.o de anos de permanência em Eburu ....

A5. Grupo étnico ....

A6. Distância estimada do limite da floresta ....

A7. Dimensão média do terreno ....

A8. Principal fonte de rendimento ....

A9. Tel. --------------------------------------- (facultativo)

Secção B. Estrutura comunitária e meios de subsistência.

B1. Tem conhecimento da Eburu Community Forest Association (ECOFA) Sim ..... Não .....

B2. Em caso afirmativo, é membro da ECOFA? Sim .... Não ......

B3.Se não, indique os grupos de que é membro ....

B4. Razão para aderir à CFA se for membro ....

B5. Motivo para não aderir à CFA se não for membro ....

B6.Qual é o papel da Eburu Community Forest Association (ECOFA)? ....

B7. Quais são algumas das actividades em que o CFA tem estado envolvido?

B8.Que pontos fortes possui a CFA que lhe permitem melhorar a conservação das florestas?

B9 Quais são os pontos fracos da CFA que a tornam menos eficaz?

B10.O CFA tem uma constituição? Sim ------- Não --------

B11.Quando é que se realizaram as eleições dos funcionários do CFA?

B12. Qual é a sua principal fonte de rendimento/CFA? Escolha uma

A. Contribuições dos membros

B. Doadores/apoiantes

C. Receitas das empresas

D. Outros ....

Secção C. Conflitos entre as partes interessadas

C1.Quem são as principais partes interessadas no que respeita à floresta de Eburu?

C2. Das partes interessadas acima enumeradas, indique o seu principal interesse na floresta de Eburu

C3.Em que parte da floresta desenvolvem as suas actividades?

C4: Há quanto tempo operam em Eburu?

a) Nos últimos 20 anos e seguintes b) 10 anos c) 5 anos d) Nos últimos 2 anos e seguintes

C5.Existem conflitos relacionados com a floresta entre as partes interessadas na floresta de Eburu?

Sim .... Não .....

C6.Em caso afirmativo, indicar as partes interessadas envolvidas no conflito ---------------------------------

C7: O que está em causa no conflito?
a) Relacionados com a terra b) Recursos florestais c.) Étnicos d) Políticos e) Outros ....

Explicar brevemente

C8. Existem utilizações não compatíveis que criam tensões entre as partes interessadas em Eburu? sim....Não...

Nomeá-los ------------------------------------

C9. Houve alguma alteração recente que tenha afetado o fluxo de benefícios para alguma das partes interessadas?

C10. Existe um novo desenvolvimento que tenha aumentado a procura de um determinado produto ou serviço florestal? Sim ---- Não

Explicar ------------------

C11. De que forma é que o conflito afecta a gestão florestal?

C12. Qual é a sua principal fonte de energia para cozinhar?

A. Lenha

B. Carvão vegetal

C. Bio-Gás

D. Eletricidade

E. Outros.........

C13. Que produtos florestais são acedidos para venda/comércio ------------------------- .

C14.Tem conhecimento de alguma reunião realizada para resolver um conflito sobre a floresta de Eburu? Sim --- Não

C15. Em caso afirmativo, quando se realizou a reunião e quem a convocou?

C16. As resoluções da reunião foram aplicadas? Sim-Não

Se não, porquê?

C17. O que deve ser feito para evitar ou resolver os conflitos florestais acima referidos em Eburu?

Secção D: Gestão florestal

D1. O acesso aos produtos florestais está regulamentado? Sim .... Não ....

Em caso afirmativo, explicar como --

D2. Quem regula o acesso à floresta de Eburu?

D3. A comunidade está envolvida na gestão da floresta de Eburu? Sim ...... Não ....

Em caso afirmativo, explicar como ....

D4. Em que medida avalia o envolvimento da KFS no trabalho com a comunidade para a conservação da floresta de Eburu?

a) Muito elevado b) Elevado c) Moderado c) Fraco

D5. Enumere algumas actividades recentes (caso existam) em que a KFS e a Comunidade trabalharam em conjunto.

1 .

2 .

D6.São realizadas reuniões de planeamento conjuntas entre a KFS e a CFA? Sim .... Não ......

D7. Quais são os canais de comunicação utilizados pela KFS para divulgar informações sobre a floresta de Eburu? (Reuniões, quadro de avisos, correio eletrónico, cartas, etc.)

D8. Como é a relação entre a KFS e a comunidade?

a) Muito bom b) Bom c) Quente d) Frio / pobre

D9.O KFS na estação florestal de Eburu possui capacidade adequada para gerir a floresta? Sim--- Não---

D10.Explain --

D11.Quais são as três lacunas de capacidade mais importantes da KFS em Eburu que precisam de ser resolvidas para melhorar a gestão florestal?

D12. Tem conhecimento de quaisquer regras ou procedimentos para controlar o acesso e a utilização de produtos florestais? Sim ---- Não -----.

D13. Em caso afirmativo, mencione-os

1 .

2 .

3 .

D14. Tem conhecimento da Lei Florestal de 2005? Sim .... Não ....

D15: O que é que sabe sobre o assunto? --

D16. Tem conhecimento do Plano de Gestão Florestal Participativa (PFMP) de Eburu? Sim --Não?

D17. Quais são os principais desafios que dificultam a implementação do PFMP de Eburu?

Secção E: Produtos florestais

E1.Quais são os 3 principais produtos florestais utilizados na floresta de Eburu?

E2.Qual é o procedimento de acesso/obtenção dos produtos florestais?

E3. Tem conhecimento de algum produto florestal que exija uma autorização de acesso? Sim- Não--

E4.Em caso afirmativo, indicar os produtos? --

E5. Existem produtos que não necessitam de licença florestal? Sim...... .Não......Liste-os.

E6. Cumprem/seguem o procedimento de aquisição de licenças florestais? Sim .... Não ....

E7. Existem pessoas ou grupos de pessoas que acedem à floresta e obtêm produtos sem seguir o processo correto? Sim --------- Não ---------.

E8.Se sim, quem são ---

E9. O acesso aos produtos florestais é justo para todos? Sim -------- Não ----------

Briefly explain --

E10. Se o acesso não é equitativo, como pode ser melhorado? ---

E11.Que alternativas estão disponíveis localmente em vez dos principais produtos florestais acima referidos?

E12.Qual a utilização de produtos florestais que atrai o maior número de conflitos?

E13. Onde é que estes conflitos ocorrem e porquê?

E14. A KFS proibiu a utilização de determinados produtos florestais? Sim-Não

E15. Em caso afirmativo, qual foi o motivo da proibição?

E16. A decisão de impor a proibição foi participativa? Sim-Não

E17. Existem secções do limite da floresta que são contestadas? Sim-Não

E18. Em caso afirmativo, porquê e em que secções?

Secção F; Acordo de gestão florestal/Partilha de benefícios.

F1. Conhece o Acordo de Gestão Florestal de Eburu? Sim-Não

F2. Participou na negociação do Acordo de Gestão Florestal (FMA)? Sim- Não-

F3. Existem questões que propuseram mas que não foram incluídas no plano de gestão florestal de Eburu? Sim .... NÃO ....

F4. Há questões que gostaria de incluir no caso de revisão do FMA? Sim ...Não...

F5. Que benefícios obtém atualmente da floresta com base nas FMA?

F6.Quais são as principais fontes de rendimento de Eburu?

A. Pastoreio

B. Recolha de lenha

C. Turismo/recreação

D. Captação de água

E. Utilização especial

F. Outros ....

F7: Quem são os principais beneficiários das receitas provenientes da floresta de Eburu?

F8.As receitas são partilhadas equitativamente entre as partes interessadas envolvidas na conservação da floresta de Eburu? sim....No....

F9. Existem medidas para assegurar uma partilha equitativa dos benefícios/rendimentos entre os intervenientes envolvidos na conservação das florestas? Explain -- ---------------

Secção G: Ameaças à floresta

G1. Há alguma mudança que tenhas notado na floresta? Sim-Não

Em caso afirmativo, que alterações observou.

G2. Há alguma alteração nos bens e serviços que a floresta fornece? Sim-Não

Em caso afirmativo, que alterações notou --

G3. Indique alguns produtos florestais que se encontravam inicialmente na floresta e que já não se encontram?

G4. Quais são as principais ameaças que contribuem para a perda de florestas? Assinale as principais.

A. Exploração madeireira ilegal

B. Invasão para fins agrícolas

C. Queima de carvão vegetal

D. Coleção de lenha

E. Pastoreio ilegal

F. Outros

G5. Tem conhecimento de que está a ser construída uma vedação eléctrica à volta da floresta de Eburu? Sim -- Não--

G6. Há alguma questão relacionada com a vedação que não lhe agrade? Sim --Não. Em caso afirmativo, explicar -----------------------

Secção H: Oportunidades de resolução de conflitos

H1.Como são resolvidos os conflitos entre as partes interessadas na zona? ------------------------------ -

H2. Alguma vez participou numa reunião sobre a utilização ou gestão da floresta de Eburu? Sim....Não ....

H3: Em caso afirmativo, quando é que a reunião teve lugar e quem a organizou? ....

H4: Qual foi o tema da reunião? ....

H5.Como são resolvidos os conflitos sobre questões ambientais na zona? ----------------------------

H6.Existem oportunidades que possam ser utilizadas para resolver ou gerir conflitos de utilização dos recursos florestais em Eburu? Sim ----- Não -----------------------------

Em caso afirmativo, quais --

H7. Tem conhecimento do Comité de Conservação das Florestas? Sim-Não -----------------

Se sim, o que é que faz? ---

Secção I : Iniciativas de conservação

I1. Existem projectos destinados a melhorar a conservação das florestas em Eburu? Sim-Não

Em caso afirmativo, indique os projectos e forneça pormenores sobre o seu objeto e a data de início.

I2. Quem são os doadores dos projectos acima referidos --

I3. Tem conhecimento de projectos e doadores anteriores nos últimos 5 anos? Sim-Não --------

I4. Em caso afirmativo, enumere quatro deles e indique as áreas-alvo do projeto ------------------------ ---------------

OBRIGADO!

Printed by Books on Demand GmbH, Norderstedt / Germany